本书系上海市哲学社会科学规划“学习贯彻习近平总书记‘人民城市人民建 人民城市为人民’重要理念”专项课题成果

"人民城市"重要理念研究丛书

上海市习近平新时代中国特色社会主义思想研究中心 编

人民城市理念与
新时代生态文明建设研究

RENMIN CHENGSHI LINIAN YU
XINSHIDAI SHENGTAI WENMING JIANSHE YANJIU

杜仕菊 等◎著

人民出版社

总　　序

2019 年 11 月，习近平总书记考察上海期间在杨浦滨江首次提出“人民城市人民建，人民城市为人民”的重要理念，深刻揭示城市属于人民、城市发展为了人民、城市建设和治理依靠人民的人民性，深刻阐明中国特色社会主义城市工作的价值取向、治理主体、目标导向、战略格局和方法路径，为推动新时代中国城市的建设发展治理、提高社会主义现代化国际大都市的治理能力指明方向。2020 年 11 月，习近平总书记在浦东开发开放 30 周年庆祝大会上的重要讲话中，从中华民族伟大复兴战略全局、世界百年未有之大变局的战略高度思考和谋划新征程上浦东新的历史方位和使命，进一步明确提出，要“提高城市治理现代化水平，开创人民城市建设新局面”，为探索新时代中国特色社会主义现代化超大规模人民城市建设发展之路提供了科学指引。

首先，人民城市属于人民。这是人民城市的政治属性。我国是社会主义国家，我国的城市归根结底是人民的城市。社会主义现代化国际大都市的建设和发展必须始终坚持以人民为中心的发展思想，把人民对美好生活的向往确立为城市建设与治理的方向和做好城市工作的出发点、落脚点和根本立场。

其次，城市发展为了人民。这是人民城市发展的根本宗旨。根据人民城市重要理念，无论是城市规划还是城市建设，无论是新城区建设还是老城区改造，都要坚持以人民为中心，聚焦人民群众的需求，合理安排生产、生活、生态空间，走内涵式、集约型、绿色化的高质量发展路子，努力创造宜业、宜居、宜乐、宜游的良好环境，让人民有更多获得感，为人民创造更加幸福的美好生活。城市治理是国家治理体系和治理能力现代化的重要内容。一流城市要有一流治理，要注重在科学化、精细化、智能化上下功夫。上海要继续探索，走出一条中国特色超大城市管理新路子，不断提高城市管理水平。

再次，城市建设和治理依靠人民。人民是城市的主人，也是城市建设和治理的主体。人民是城市的享有者、受益者，理应是城市建设者、治理参与者。上海作为我国人口规模最大的城市之一，其治理的复杂程度远超一般性城市和地区。只有坚持人民的主体地位，进一步发挥群众的首创精神，紧紧依靠和组织广大人民群众，才能协力创建新时代中国特色社会主义现代化超大规模人民城市的历史伟业，彰显我国社会主义制度的强大优势。

近年来，上海在深入贯彻人民城市重要理念过程中，聚焦探索超大城市治理的规律，把全生命周期管理理念贯穿城市治理全过程，着力在科学化、精细化、智能化上下功夫，努力走出超大城市治理现代化的新路。对人民城市重要理念及其上海实践开展深入研究，是推进习近平新时代中国特色社会主义思想上海实践研究的一项重要任务。2021 年 8 月，上海市社科规划办专门列出系列课题，上海市习近平新时代中国特色社会主义思想研究中心从完成结项的课题中精选优秀成果，内容涉及新时代人民城市重要理念、人民城市理论渊源与上海实践、党领导人民城市建设的实践历程与基本经验、新发展理念引领人民城市建设、人民城市理念与新时代生态文明建设、人民城市理念与城市环境治理、人民城市理念与数字化公共服务共享研究等。这些书稿聚焦不同主题，从不同维度深刻阐述了人民城市重要理念的思想内涵和实践要求，是当前上海学术界研究阐释人民城市重要理念的代表性成果。我们希望这套丛书的出版有助于广大读者更为全面、深入地理解和把握人民城市重要理念，更加自觉地用人民城市重要理念指导工作，为把上海建设成具有世界影响力的社会主义现代化国际大都市作出新的贡献。

上海市习近平新时代
中国特色社会主义思想研究中心
2022年9月

目　　录

第一章

绪　论

一、问题的提出

2019年11月，习近平总书记在上海考察时提出“人民城市人民建，人民城市为人民”的重要理念，指出在城市建设中，一定要贯彻以人民为中心的发展思想，合理安排生活、生产和生态空间，努力扩大公共空间，让老百姓有休闲、健身、娱乐的地方，让城市成为老百姓宜业宜居的乐园。随着习近平总书记“人民城市”重要理念的提出，为探索中国特色城市治理新理念、新理论、新模式指明了方向，奠定了理论基础。2020年6月，上海市委全会通过会议部署，回答了新时代建设人民城市的命题，描绘了关于人民城市建设五个具体方向，即打造出人人都有人生出彩的机会、人人都能有序参与治理、人人都能享有品质生活、人人都能切实感受温度以及人人都能拥有归属认同的城市，为上海建设人民城市绘制蓝图。其中宜居的生态环境是“人民城市为人民”的重要体现，是人民宜业宜居的前提，生态环境质量直接影响着人民城市建设的成色。①

随着中国特色社会主义进入新时代，人民的环境权益需求已经被提到较高的位置。通过高质量发展，满足人民对优美环境的需要，成了“人民城市”建设中十分重要的一项任务。

近年来，上海市的生态环境得到了巨大的改善，展现了新的面貌。污染防治攻坚战成效显著。2021 年 $PM_{2.5}$年均浓度降至 27 微克/立方米，较 2016 年下降 35. 7%，如期消除劣Ⅴ类水体，空气和水环境质量均创有监测记录以来最好水平，污染防治攻坚战阶段性目标全面实现。随着环境基础设施能力水平的提升，污水污泥和生活垃圾处理能力大幅提升。大力推进郊区林地和城区公共绿地建设，公园数量实现翻番，世博文化公园（北区）和一批城市郊野公园等生态空间建成开放。单位国内生产总值能耗五年下降 21. 8%，全国碳排放权交易系统上线运行。生活垃圾分类达标率达到 95%，原生生活垃圾实现零填埋，医废实现超极限状态下的高效安全处理。长江“十年禁渔”开局良好，河长制、湖长制、林长制全面推进。第十届中国花卉博览会成功举办，崇明世界级生态岛建设扎实推进。

上述成果，提升了人民群众生活的幸福感、安全感和满足感，真正让人民群众在城市中看见蓝天白云、感受青山绿水、欣赏星光明月，使人民群众的生活更加宜居和舒心；也使“人民城市”理念在生态文明建设方面得到了很好的体现。所以，生态文明建设是上海人民城市建设的应有之义。

---

① 程鹏：《践行“两山”理念，擦亮人民城市“成色”》，《中国环境报》2020 年 8 月 11 日。

二、相关文献回顾

（一）关于国内外城市建设理论综述

城市作为文明的承载体，记录着人类文明进步的过程，展现着不同时期不同文明发展的水平和成果。世界城市发展的历史表明，城市化的发展主要有三条途径：工业城市化、土地城市化和人口城市化。在城市化的过程中，伴随着产生了“城市病”，各国纷纷结合实践展开了应对“城市病”的有效模式。世界发展史表明，城市化驱动国家经济的发展，并带来整个社会的进步，因此城市化程度和城市治理水平是衡量一个国家发展水平的重要标准。如何提高城市治理水平，推进本国的可持续城市化不仅体现一国的治理能力，还将影响一国未来的国际地位。自20世纪以来，各国的学者面对本国治理中的实际问题，从各种角度和分析框架出发展开了大量研究：一是关于治理理念的研究。在20世纪80年代，在公共事务管理中经常提到治理的概念。全球治理委员会将治理的基本理论描述为：各种公共的或私人的机构和个人管理其共同事务的多种方式的总和。它是使相互冲突或不同的利益得以调和并且采取联合行动的持续过程。[①] 在治理理论的影响下，美国的治理理念由管理主义转型为企业主义，美国学者罗森奥

① 俞可平：《治理与善治》，社会科学文献出版社2000年版，第7—19页。

(J. N. Rosenau) 等强调，治理实施过程中需要公众参与。[1] 而我国学者孙施文提出“治理从开头起便区别于传统的政府统治概念”[2]。二是关于治理理论背景的研究。袁政等研究了治理理论的产生背景，指出基于存在政府失灵和市场失灵的状况，“市场—政府”二分的传统模式已经不能满足公共事务管理的需要。[3] 三是关于治理理论的研究。源自公共选择理论、新制度经济学和马克思主义理论的城市治理理论层出不穷。随着研究的深入，经由城市治理理论基础到城市治理理论运用的研究发展趋势，其中越来越多的学者开始关注城市治理模式研究。国内学者通过研究得到的城市治理模式，无论是于明捷归纳的20余种城市治理模式，踪家峰和郭鸿懋等总结的四种基本城市治理模式：国际化城市治理模式、企业化城市治理模式、城市经营模式和顾客向导模式[4]；还是孙荣、徐红等提出的企业化城市治理模式和公私共同治理模式[5]，以及王佃利等主要基于政府职能转变视角，对城市治理模式展开的研究，[6] 其每种模式都是基于对当前城市化问题所采取的应对措施。由于每个阶段面临的问题不同，城市治理的重点领域也不断地发生转变，因此城市治理的模式也形成各自的特点。

---

① ［美］詹姆斯·N. 罗森奥：《没有政府的治理》，张胜军译，江西人民出版社2001年版，第32—47页。

② 孙施文：《关于城市治理的解读》，《国外城市规划》2002年第1期。

③ 俞可平：《治理与善治》，社会科学文献出版社2000年版，第39—47页。

④ 踪家峰、王志锋、郭鸿懋：《论城市治理模式》，《上海社会科学院学术季刊》2002年第2期。

⑤ 孙荣、徐红、部珊珊：《城市治理：中国的理解与实践》，复旦大学出版社2007年版，第78—89页。

⑥ 王佃利、任宇波：《城市治理模式：类型与变迁分析》，《中共浙江省委党校学报》2009年第5期。

（二）国内外城市绿色发展相关问题研究

1. 城市绿色发展概念的厘清

对城市绿色发展概念的研究源自对城市问题的关注。面对20世纪六七十年代以来世界范围内日益严峻的城市问题，联合国教科文组织1971年发起“人与生物圈计划”，首次提出“生态城市”的概念，以期应用生态学的原理和方法来指导城市的建设，其思想渊源和理论基础是在摩尔（T. More）的“乌托邦”、傅立叶（C. Fourier）的“法郎基”、欧文（R. Owen）的“新协和村”、霍华德（E. Howard）的“田园城”以及20世纪三四十年代柯布西埃（L. Corbusier）的“光明城”和赖特（F. Wright）的“广亩城”等设想的基础上发展而来的。[①] 苏联学者亚尼茨基于1981年率先系统阐述了“生态城市”的基本构想，将生态城市的设计与实施分成三种知识层次和五种行动阶段：时空层次、社会—功能层次、文化—历史层次；基础研究、应用研究、规划设计、设施建设、社会结构转型阶段。[②] 由于人类环境问题的紧迫性及其国际社会的广泛认同、“人与生物圈计划”的有效推动及其跨学科合作的倡导，20世纪80年代以来，生态城市迅速成为国际学术界的研究热点，生态城市规划与建设实践也纷纷在各有关国家相继开展。

---

① 王祥荣：《论生态城市建设的理论、途径与措施——以上海为例》，《复旦学报（自然科学版）》2001年第4期。

② 蒋艳灵等：《中国生态城市理论研究现状与实践问题思考》，《地理研究》2015年第12期。

由于我国的城市发展阶段与国际社会定位的“后工业化”阶段有所脱节，绿色城市发展研究与实践历程具有一定的特殊性。改革开放以来随着我国社会经济的快速发展，城市生态建设与社会经济发展的关系完成从服从到共生、从被动应对到主动响应的转变，经历了“从属—融入—协同—引领”与经济建设四个不同阶段的关系变迁。而在这一过程中，针对各个阶段的城市问题和需求，国家提出不同的城市绿色发展理念，从卫生城市建设，到宜居城市打造，以及海绵城市、生态园林城市和森林城市创建等。进入新时代，习近平总书记在成都提出了公园城市的理念，构筑了我国绿色城市新发展的宏伟蓝图。公园城市理念的提出不仅仅是新时代背景下更为系统的城市绿色发展模式，它的价值导向与目标导向也充分体现了我国生态文明建设的时代性和前瞻性，呈现出城市功能拓展与绿色发展理念相统一的生态价值。①

而杜海龙等则从学理角度对城市可持续发展目标中的典型概念进行了内涵比较。认为在可持续发展理念下，可持续城市只是可持续发展的一个方向，且可持续城市更关注城市的包容性、城市福祉的平等性。而气候、生物、能源和经济等内容的可持续发展则跳出城市，进行更全局性地推动。低碳城市与低碳生态城市本质还是绿色城市和生态城市，不过目标更加具体，是绿色城市和生态城市的初级阶段。绿色生态城市则是绿色城市与生态城市的集大成者。无论是“生态城市”还是“绿色城市”，最终目标都是实现城市人工环境和自然环境

---

① 韩若楠等：《改革开放以来城市绿色高质量发展之路——新时代公园城市理念的历史逻辑与发展路径》，《城市发展研究》2021 年第 5 期。

完美的和谐，其核心思想就是可持续发展。①

虽然城市绿色发展研究呈现出概念不断更迭的现象，但核心思想都是可持续发展，由于城市绿色发展研究面向现实问题，才导致概念的核心关注点转移。

2. 城市绿色发展的实现路径研究

城市绿色发展的理念是统筹发展，即协调产业与生态的关系、城市与乡村的关系、产业与城市的关系、生产与消费的关系等。因此，城市绿色发展的实现路径研究集中于下列领域。

一是产业生态化转型研究。李慧明等指出，与发达国家不同，我国在发展的较低阶段就把生态文明建设确定为全面建设小康社会的目标之一。因此，我国产业生态化实施路径选择应适应国情，目标定位：促进产业发展与生态环境保护的动态良性互动；运行机制：让市场说出生态真理；时空解析：区域差异化发展，统筹整体与局部、现在与未来的协调发展。② 考虑到我国区域发展不均衡，不同工业化阶段区域应选择相应的产业生态文明路径。北京、上海、深圳率先完成工业化，进入后工业化阶段；福建、浙江、江苏、广东等东部沿海省市工业化水平综合指数持续提高，陆续进入工业化后期，正处在快速工业化阶段；而中西部一些边远地区以及传统农业产区工业化起步较晚，仍处在工业化初期或中期。对于不同发展阶段的地区应该选择不同的路径推进产业生态文明。工业化完成地区产业生态文明发展的重

---

① 杜海龙等：《绿色生态城市理论探索与系统模型构建》，《城市发展研究》2020 年第 10 期。

② 李慧明等：《产业生态化及其实施路径选择——我国生态文明建设的重要内容》，《南开学报（哲学社会科学版）》2009 年第 3 期。

点是摒弃高能耗高污染行业，把有限的资源能源和环境容量用于发展高端绿色低碳产业，提高地区的碳生产力。产业生态文明的主要实现路径是通过发展高端制造业和现代服务业实现生产方式的低碳化和无碳化，把有形的物质生产活动更多地转化为无形的服务价值创造活动，实现产业间的价值迁移。对于已经完成工业化阶段的地区，需要以生态文明建设理念为指引，积极利用自身良好的社会经济积累和充足的人才资源储备，在大力提升低碳制造产业的同时，应积极寻求高端低碳产业的发展之路，如生态旅游、生态房地产、文化创意产业、会展产业等，不断提高自身的碳生产力。①

二是统筹城乡发展研究。21 世纪以来，知识经济转向和全球生态文明的兴起深刻地改变了城乡（区际）关系的本质内涵。城乡协调发展目标由先前的显性经济指标向区域功能分异、区域功能协调方向转化。生态经济价值的考量成为区域经济发展水平评价的重要内容。唐琦等认为城乡之间的经济社会联系，不再是单纯的要素流动关系，而是一种基于区域功能耦合基础上的一体化交易合作关系。区域功能耦合一体化城乡关系由纵向“强—弱”关系演化为横向（强—强）平行关系。基于生态文明的生态功能产品（如碳）交易产业链、研发产业链、新兴高端产业链，基于生态补偿的区际转移支付链，基于跨区域低碳治理的合作链等，成为新型城乡一体化的联结通道。这种新型城乡关系表现出以下特点：第一，生态补偿与财政转移支付关系。第二，乡村生态系统碳汇（carbon sink）功能与城乡碳排放交易关系。第三，传统的产业转移与承接关系的部分失灵。第四，生态要

① 李力：《不同工业化阶段区域产业生态文明路径选择》，《生态经济》2014 年第 4 期。

素凸显为最重要的区域资产之一，成为新兴产业发展的依托。第五，碳税制度的施行将对区域产业分工体系产生重大的影响，基于成本的区位选择有可能因碳税计征而重新调整。①

城乡融合发展过程中，应重视构建“自然—空间—人类系统”的城乡融合社会。彭文英等按照生态系统规律，从城乡之间的人流、物质流、能量流、信息流特征，探讨了城乡生态关系四个基本内容，即生态产品供给关系、生态调节净化关系、生态文化服务关系及生态危害影响关系。提出在推进生态文明建设中，应加强生态关系研究，建立生态资产台账；以调控生态关系为核心，科学制定生态文明建设战略与规划；以生态关系为依据，合理构建配套措施体系。②

党的十九大报告提出乡村振兴战略，以及“产业兴旺、生态宜居、乡风文明、治理有效、生活富裕”的总要求，一些学者开始从生态文明转型的视角对乡村振兴战略进行解读。温铁军认为，十九大提出的“20字方针”，可以理解为“三生”（生产、生态、生活）+“文治”（文明、治理），因此，以生态文明内生多样性来构建“三生+文治”，应成为“三农”研究的关注重点。③ 丁生忠认为，乡村振兴建设要注重乡村社会内源性资源的“地方性情景”，如自然禀赋、社会环境、文化环境等。在乡村社会改造中要采用“渐进主义决策模型”，无论是国家对乡村发展的规划与资金投入，还是社会资

① 唐琦等：《基于新型城乡关系的崇明生态岛发展模式研究》，《经济地理》2012年第6期。

② 彭文英、戴劲：《生态文明建设中的城乡生态关系探析》，《生态经济》2015年第8期。

③ 温铁军：《生态文明与比较视野下的乡村振兴战略》，《上海大学学报（社会科学版）》2018年第1期。

本对于乡村的投资，都要结合乡村自然资源禀赋、乡村社会环境、乡村文化环境等内源性资源的“地方性情景”，因地制宜实施促进农村发展的内外资源的聚合转换，生成强大的新动力资源，最终达到农村发展的内源驱动扩张。[①]

三是产城融合研究。国内的产城融合研究更多关注城市的有序扩张以及产业的合理发展，这与我国依然处于城市化快速发展的阶段性特征有关。目前国内关于产城融合的文献大致可归纳为两部分：其一是内涵研究，其二是实现路径研究。其中比较有代表性的观点是将产城融合发展定位为在坚持以人为本的价值导向下，以模式创新为战略驱动，通过合理的空间统筹和规划，推动产业和城镇的均衡发展，进而达到产业和城镇融合发展的现实目标。提出产城融合发展的基本战略框架：以产城均衡发展为战略依托，以人口融合为战略内核，以功能融合为战略保障，以空间融合为战略导向。[②] 杨雪峰等基于共享发展理念，在理论分析中引入“空间”要素，认为应该尊重城市空间的经济意义和生态意义，在此基础上探讨产城融合内在机理。令发展成果惠及城市居民，不仅要使城市居民公平公正地共享发展成果，更重要的是要使广大城市居民能够更好地参与到城市发展中去，更好地释放人的创造能力，使城市发展充满活力和动力。产城融合的关键是以人为核心进行产、城、人、地、业、居六大要素在空间上的有机结

---

① 丁生忠：《内外资源聚合转换驱动乡村振兴战略的理论与实践》，《理论学刊》2019 年第 9 期。

② 何立春：《产城融合发展的战略框架及优化路径选择》，《社会科学辑刊》2015 年第 6 期。

合。[①] 基于城市、产业园区的生态功能缺失，探讨构建生态、生产、生活“三生”融合的城镇发展格局应成为产城融合中关于“城”的研究重点。

四是绿色消费研究。绿色消费的研究主要包括两个方面。其一是绿色消费的内涵、意义研究。付伟等认为，绿色消费是推动生态文明的最有潜力也最可行的路径。消费者是绿色消费的直接践行者，所以树立绿色消费理念，培养低碳节能的消费习惯是首要内容；政府是绿色消费的推动者，绿色政策的设计、制定与推行至关重要；市场这只“看不见”的手，将消费者与政府连接在一起，发挥信息传导的作用，同时也是政策效果的反馈途径。[②] 根据当前绿色消费政策和实践进展，以及高质量发展和生态文明建设要求，中国“十四五”期间推动绿色消费的总体目标可考虑确定为：坚持生态文明理念，大幅提升绿色消费水平，加快推动形成绿色生产方式，为改善生态环境质量、实现高质量发展提供新的内生动能。[③] 诸大建指出，绿色导向的消费方式可以分为两种路径。一种是改进性的减量消费，另一种是变革性的替代消费。我们经常把减量型消费看作是绿色消费的主体，其实替代性消费才是绿色消费需要倡导的发展方向，这对于理解崛起中的分享经济具有重要意义，这是消费方式“浅绿色”与“深绿色”

---

① 杨雪峰、孙震：《共享发展理念下的产城融合作用机理研究》，《学习与实践》2016 年第 3 期。

② 付伟等：《生态文明视角下绿色消费的路径依赖及路径选择》，《生态经济》2018 年第 7 期。

③ 国合会“绿色转型与可持续社会治理专题政策研究”课题组：《“十四五”推动绿色消费和生活方式的政策研究》，《中国环境管理》2020 年第 5 期。

的差异。[①] 其二是绿色消费态度、行为研究。学者普遍认为公众的绿色消费意识不断觉醒，越来越多的人对绿色消费持积极态度。然而，公众的绿色消费态度却没有很好地转换为绿色消费行为，因此学界提出“绿色消费态度—行为缺口”概念，旨在拓宽绿色消费的研究视角，表明以测度购买意愿为核心的研究并不能很好地反映真实的消费情况。近年来，随着人们对环境问题的日益关注和绿色消费理念渐成时尚，绿色消费态度—行为缺口研究的热度不断递增，正在兴起一个研究的小高潮。总体来看，当前绿色消费态度—行为缺口的研究重点关注的是缺口的成因，而寻求有效的干预策略的相关研究明显不足。[②]

3. 上海城市绿色发展研究

上海城市绿色发展研究可以追溯到20世纪90年代末的生态城市研究。《上海生态城市建设研究》课题组根据生态城市的内涵，基于上海生态环境的现状，提出了2050年的生态城市建设远景目标和三个分阶段目标，主要通过制定生态区划、强化环境保护、防治工业和生活污染、突出绿地建设、发展生态农业和建立生态居住区来推动上海生态环境由量到质的变化。[③] 王祥荣在梳理国际生态城市建设研究的发展脉络后，从理论角度分析生态城市建设的科学内涵：高质量的环保系统、高效能的运转系统、高水平的管理系统、完善的绿地系

---

① 诸大建：《绿色消费：基于物质流和消费效率的研究》，《中国科学院院刊》2017年第6期。

② 王晓红等：《消费者缘何言行不一：绿色消费态度—行为缺口研究述评与展望》，《理论经济研究》2018年第5期。

③ 上海生态城市建设研究课题组：《上海生态城市建设的探索》，《上海综合经济》1997年第4期。

统、高度的社会文明和生态环境意识。[1] 囿于研究条件，上述研究更倾向于应然研究，但在研究重点上均体现出对居民的重视、对人居环境的关注。

自《上海市城市总体规划（2017—2035年）》提出要牢固树立绿色发展理念，坚持可持续发展，坚持人与自然和谐共生，努力把上海建设成为生态之城和卓越的全球城市后，学者把城市绿色发展研究聚焦于上海“生态之城”建设实践，主要基于两种研究视角。一是城市管理视角。刘佳、胡静选取东京、伦敦、巴黎、首尔四个全球城市为基准，基于若干指数对上海市绿色发展进行对标研究后，均强调应注重对生态环境治理格局的重构，努力打造“多元共治”的环境治理模式，[2] 着重社区治理，从“+垃圾分类”走向“垃圾分类+”。[3] 俞振宁认为在现有规划目标体系内，上海“生态之城”建设取得了阶段性进展，多数底线指标显示上海完成了2020年规划目标。但上海仍处于“生态之城”建设的初级阶段。随后基于上海城市特性和发展现状，剖析上海2035年城市总体规划，提出了上海“生态之城”建设的“六绿”目标体系：开放绿色空间、循环绿色经济、创新绿色技术、畅想绿色生活、灵动绿色治理、传承绿色文化，[4] 助推规划完善。二是生态福祉视角。如尚勇敏从生态要素、生态空间、生态福

① 王祥荣：《论生态城市建设的理论、途径与措施——以上海为例》，《复旦学报（自然科学版）》2001年第4期。

② 刘佳：《城市绿色发展的国际经验及上海对标分析》，《科学发展》2019年第9期。

③ 胡静：《上海城市绿色发展国际对标研究》，《科学发展》2019年第6期。

④ 俞振宁：《上海“生态之城”建设目标与内涵研究》，《科学发展》2021年第6期。

祉 3 个方面提出上海提升城市生态品质的目标体系与建设路径，以期为市民提供更多优良的生态环境产品。

（三）关于人民城市理念及上海实践相关问题研究

第一，人民城市理念研究。自 2019 年习近平总书记在考察上海杨浦滨江时，首次提出“人民城市人民建，人民城市为人民”的重要理念以来，对人民城市的研究日渐增多。研究主题大多围绕追溯人民城市的理论来源、剖析现实内涵以及探索当下实践三个方面。一方面学者深入分析了人民城市理念的科学内涵，指出其价值取向、治理理念和目标导向等，都离不开“人民性”的中心思想，即以人民为中心，增进人民福祉，促进人的全面发展。吴新叶等阐述了人民城市的“两城论”即“人民城市人民建，人民城市为人民”对于中国传统民本思想的继承与超越，在此基础上指出了人民城市理念对于马克思主义人本思想的新的发展的时代意涵：一方面，要在城市建设中注重人的主体性与能动性，另一方面城市建设的终极目标是建设成果由人民共享[①]。刘士林阐述了人民城市与以往“以人为本”概念的差别，强调人民城市理念从抽象的“人”到具体的“人民”的转向，是中国特色社会主义制度的创新性彰显，更是对坚持以人民为中心的发展理念的逻辑升华，联系着人民对更美好生活的向往，让政策理念更加迈向人民日常生活。[②] 宋道雷点明人民城市就是“人民至上”理

① 吴新叶、付凯丰：《“人民城市人民建、人民城市为人民”的时代意涵》，《党政论坛》2020 年第 10 期。

② 刘士林：《人民城市：理论渊源和当代发展》，《南京社会科学》2020 年第 8 期。

念在城市空间的体现和贯彻，是以人民为中心的国家治理现代化实践在城市维度的体现。人民城市的价值属性就是人民性，遵循城市是人民的城市，城市治理依靠人民，城市发展成果由人民共享本质取向。是中国之治的城市维度，是国家治理现代化在城市空间推进的重要命题①。

第二，关于“人民城市”理念在上海实践的思考。希冀探索城市治理现代化新道路。彭勃提出人民城市建设应该把握三个最：最大限度地为人民群众创造美好生活、最基础工作是坚守住城市治理底线以及最终目标是服务于人的全面发展，让人民群众成为城市的积极建设者和主人翁，成就人民群众自我实现的城市梦想，建设团结凝聚的人民城市②。谢坚钢等阐释了在新时代人民城市理念下城市工作的宗旨和方针是“属民”“为民”和“靠民”，城市工作要发挥群众主体作用，重心向社区下沉，部署安排好“三生”和“四宜”，坚持党的领导，统筹推进疫情防控和城市治理现代化③。何雪松等则从治理的维度，探讨了当下基层治理的价值偏离，管理的逻辑与居民生活逻辑冲突，出现过度治理的现象。并建议人民城市的治理要从人民的生活出发，从可持续的生计出发，从激发社会的活力出发，将顶层设计与问计于民结合起来，形成以美好生活为目标、尊重多样性、强调人民参与的适度治理④。

---

① 宋道雷：《人民城市理念及其治理策略》，《南京社会科学》2021 年第 6 期。

② 彭勃：《人民城市建设要把握住三个“最”》，《国家治理》2020 年第 34 期。

③ 侯桂芳：《“人民至上”理念引领下的上海城市治理新实践》，《上海党史与党建》2020 年第 7 期。

④ 何雪松、侯秋宇：《人民城市的价值关怀与治理的限度》，《南京社会科学》2021 年第 1 期。

（四）聚焦于治理视角的城市及社区空间研究

社区是人们在城市中的共同生活体。近年来国内学者也越来越多利用空间理论架构对中国社区治理中出现的问题进行探索，社区治理研究呈现出空间转向。经济转型时期，城市化加速发展，随之而起的是一栋栋鳞次栉比的楼房，这种集合式建筑形态在中国表现为由若干集合住宅与围合式公共空间构成的大型封闭社区集合式建筑空间和高密度的居住空间所形成的社会空间单元，是我国城市治理的空间基础①。2019 年 10 月 31 日，党的十九届四中全会通过的《中共中央关于坚持和完善中国特色社会主义制度　推进国家治理体系和治理能力现代化若干重大问题的决定》中指出："社会治理是国家治理的重要方面。必须加强和创新社会治理，完善党委领导、政府负责、民主协商、社会协同、公众参与、法治保障、科技支撑的社会治理体系，建设人人有责、人人尽责、人人享有的社会治理共同体，确保人民安居乐业、社会安定有序，建设更高水平的平安中国"②。习近平总书记特别强调："城市治理的'最后一公里'就在社区。"③人民城市重要理念要求新时代城市工作必须把重心下沉到社区、力量集聚到社区、资源配置到社区。在治理重心下移的背景下，社区作为城市社会

---

① 王德福：《中国式小区：城市社区治理的空间基础》，《上海城市管理》2021 年第 1 期。

② 《中共中央关于坚持和完善中国特色社会主义制度　推进国家治理体系和治理能力现代化若干重大问题的决定》，人民出版社 2019 年版，第 28 页。

③ 《坚定改革开放再出发信心和决心　加快提升城市能级和核心竞争力》，《人民日报》2018 年 11 月 8 日。

的基本单元，社区环境治理成为治理社会化的应有之义。社区是环境治理体系在基层聚合的终端场所，是解决环境问题最微小但也是最基本的场域，抓好基层社区的环境治理显得尤为重要①。实际上两者在具体实践过程中都应当遵循“以人民为中心”的价值理念，如杨建顺、曹锦清等学者提出了城市治理应当坚持共建共享②，构建全民共建共享的社会治理格局等理念③。基于此种考虑，本研究把“共建共治共享”作为一个整体进行研究，结合城市生态文明建设，如何从“共建”开始，经过“共治”，达到“共享”，从路径，实现途径，到最终目标，勾勒一种全民参与、人人有关的城市治理的新格局、新模式。现实中空间治理在城市治理中仍面临许多困境，公众参与和治理成效方面都有待提升。陈水生等指出中国当代城市空间治理中的公众参与存在缺乏参与式治理理念、参与驱动力不足、参与渠道有限和参与能力匮乏等问题，相应地提出要树立多元共治的治理理念，创建参与准则以此鼓励参与行为，并且拓宽公众参与渠道和培育公众参与能力④。高聪颖认为目前的法律法规还不完善，由此导致城市空间治理中多主体之间的治理矛盾凸显，行政力量的过度干预影响了空间活力，公众参与不足导致共治效能下降，同时社会组织的能力不足与市

① 王芳、曹方源：《迈向社区环境治理体系现代化：理念、实践与转型路径》，《学习与实践》2021 年第 8 期。

② 杨建顺：《城市治理应当坚持共建共治共享》，《城市管理与科技》2019 年第 6 期。

③ 马立、曹锦清：《社会组织参与社会治理：自治困境与优化路径——来自上海的城市社区治理经验》，《哈尔滨工业大学学报（社会科学版）》2017 年第 2 期。

④ 陈水生、屈梦蝶：《公民参与城市公共空间治理的价值及其实现路径——来自日本的经验与启示》，《中国行政管理》2020 年第 1 期。

场力量的过度入侵也为治理带来威胁①。

（五）聚焦于环境问题的社区空间治理研究

现实中环境污染问题越来越严重，废水排放、垃圾污染等已经成为城市里的“疮瘢”，严重影响人民的生活质量和生活环境水平，甚至阻碍社会发展和进步。随着改革开放和现代化建设向纵深推进，以及随着人民教育水平的提高和知识普及，人民的权利意识逐渐觉醒，对环境保护的意识和对美好环境的需求日益增加，生态文明建设逐渐被公众关注，环境保护成为公众视野中的焦点问题。党的十九大指出美好的生态环境是人民对新时代美好生活的重要需求，满足人民对美好生活的需求是建设人民城市的重要价值理念，2020 年中央印发的《关于构建现代环境治理体系的指导意见》中详细阐述了建构环境治理体系的指导方案，由此可见，完善环境治理体系现代化是国家治理体系现代化的重要指标和关键环节之一，更是打造人民城市的基本面向。

就基层社区环境治理困境来说，借鉴一些研究对于社区治理困境的分类分析，笔者总结出社区环境治理的三种困境取向②：一是本质困境，源于环境本身的产品属性和不断扩充的内容。环境作为公共产品具有外部性和公共性的特征，社区中个体都可以消费公共产品的福

① 高聪颖：《城市社区公共空间治理的困境与消解》，《中共宁波市委党校学报》2021 年第 4 期。

② 冯猛：《城市社区治理的困境及其解决之道——北京东城区 6 号院的启示》，《甘肃行政学院学报》2013 年第 5 期。

利，但并不需要每个个体都为维护公共产品花费。这样就会导致居民的环境保护合作意愿低，环境参与度不高，产生惰性思维。而当资源所有者不明时，很容易产生“公地悲剧”，加剧环境破坏①。另一方面随着城市飞速发展，城市社区公共环境问题受各种因素影响其内涵早已超过一般环境卫生的范畴，环境问题也不只是环境问题，深层次根源连接着经济、政治和社会等各方面因素，也涉及众多主体，协调难度大。二是主体困境。源于环境治理中各要素及其之间关系以及要素之间的行动过程，包括企业、政府、社区居民和社区组织等各主体关于环境资源分配逻辑和分配权力的矛盾与冲突。传统的环境治理多是以政府为中心的行政性治理模式，虽然取得了一定成效，但并不能遏制日趋恶化的环境形势。非行政性力量的积极参与和多元合作共治，使中国的环境治理有了走出困境的可能②。邓玲具体分析了居民自发到合作治理的社区环境治理实践过程，发现通过整合社区原生力量和外来力量有利于形成治理合力，促进以“共同体”为价值导向的社区环境自治与共治建设③；栗明则偏重于分析主体之间的利益关系，指出社区环境治理的关键之处或是本质是处理好经济利益与环境利益的协调共荣，遏制不同主体的利益偏向，发挥整体功能实现多元共治的模式④。但多主体共治也会造成权力覆盖的空白区域问题，彭

---

① 王芳、李宁：《新型农村社区环境治理：现实困境与消解策略——基于社会资本理论的分析》，《湖湘论坛》2018 年第 4 期。

② 张紧跟、庄文嘉：《从行政性治理到多元共治：当代中国环境治理的转型思考》，《中共宁波市委党校学报》2008 年第 6 期。

③ 邓玲：《从“居民自发”到“互动合作”——城市社区的环境治理实践及其社会效应》，《领导科学论坛》2018 年第 21 期。

④ 栗明：《社区环境治理多元主体的利益共容与权力架构》，《理论与改革》2017 年第 3 期。

小兵等认为行政、市场、社会三方力量主体在行动逻辑上各有差异，加上社区资源和权力分配不均，进步激化了各主体自利行为，导致社区公共环境治理出现责任真空现象，监督服务和参与缺失①。三是技术困境。社区环境治理是一项综合性工程，单纯的技术治理解决具体的问题已经无法满足环境治理的需要，现阶段的技术治理也存在工具性偏好与粗放式引进的双重困境②。诚然，技术治理所具备的效率性和先进性有利于驱动治理现代化的进程，但治理技术的采用常常出现与社区实际情况相脱离的问题，“技术移植”过程中的治理技术应用与实际应用发生矛盾，忽视技术与社区经济社会条件和具体环境需求之间的协调关系③。以上海市垃圾分类治理为例，为减少治理成本、提高分类效率，社区普遍投放了智能回收设备，但部分老旧小区忽视了居民主要使用群体的老龄化现状，造成了社会性不足的片面投入，抑制了技术效能的充分释放。如何在吸纳先进技术的同时，优化技术治理的社会属性，是走出技术困境必须思考的问题。总的来说，一方面由于环境本身的公共产品属性，面对全体居民服务，容易导致“搭便车”行为，产生负向的模仿效应从而降低环境治理和保护的效力，阻碍社区环境治理体系的构建④。另一方面社区环境治理也面临着诸多结构困境，比如，环境理念的下向堕距、主体的低效参与、制

① 彭小兵、郭梦迪：《何以弥补城市社区公共环境治理责任真空？——基于重庆市LX社区公共环境治理的考察》，《天津行政学院学报》2020年第4期。

② 王芳、李宁：《新型农村社区环境治理：现实困境与消解策略——基于社会资本理论的分析》，《湖湘论坛》2018年第4期。

③ 冯猛：《城市社区治理的困境及其解决之道——北京东城区6号院的启示》，《甘肃行政学院学报》2013年第5期。

④ 顾锋娟、胡楠：《基于外部性理论探索城市社区治理改革创新思路——以环境治理为例》，《中共宁波市委党校学报》2016年第4期。

度的路径依赖、机制的非常态运行、技术的双重困境等。[1] 在环境治理实践中容易出现责任真空的情况，行政、市场和社会三方主体在行动逻辑和治理逻辑上存在主体差异，因此产生自利行为造成环境治理过程中的权责缺失。

就社区环境治理的策略或者路径来说，以往的环境治理研究多聚焦于宏观环境的技术治理层面，比如张劼颖、李雪石从科学技术研究的进路出发，以垃圾焚烧技术为焦点，探究垃圾焚烧以及应用者的话语世界和知识生产，为环境治理的技术争议提供了可参考的路径[2]。但在环境治理实践中，技术治理呈现出的效果与公众的社会感知存在差距，这不仅与环境治理涉及的专门技术繁多有关，也与环境治理中忽视民众对环境的真实基本需求有关联，所以环境治理要体现社会特征，要遵循以人为本的理念，治理标准开始向“民标”转变[3]。同时随着治理重心下沉，环境治理研究也从宏观层面分析向社区微观治理研究转变。社区作为人民发挥主体性的直接场域以及城市治理的末端环节，在治理实践中占据重要地位。有不少学者指出了环境治理社区介入的必要性和可能性，比如王芳等指出建立以社区为基础的环境治理体系有利于系统应对基层环境风险，完备国家治理体系总体布局，并细致阐述了社区环境治理何以可能的必要性和可行性[4]；江晓华指

① 王芳、曹方源：《迈向社区环境治理体系现代化：理念、实践与转型路径》，《学习与实践》2021 年第 8 期。

② 张劼颖、李雪石：《环境治理中的知识生产与呈现——对垃圾焚烧技术争议的论域分析》，《社会学研究》2019 年第 4 期。

③ 陈阿江：《环境问题的技术呈现、社会建构与治理转向》，《社会学评论》2016 年第 3 期。

④ 王芳、曹方源：《迈向社区环境治理体系现代化：理念、实践与转型路径》，《学习与实践》2021 年第 8 期。

出环境问题的实质是环境发展问题，其困境源于主客体的疏离，并指出社区本质就是主客体的融合，社区作为其载体拥有特定区域的基础条件和利益共同，文化同享的属性，为环境发展提供动力。[①] 随着对环境问题的认识越来越复杂，针对环境治理的策略也从单纯的技术治理转变为综合治理。综合两个方面，一个是建立情感共同体探索社区治理改革。如郑杭生提出通过自治及完善社区服务体系等方式增进陌生人世界的人与人之间的整合和联结，达到城市社区的去陌生化[②]；王芳等从社会资本理论视角来审视社区环境治理的重重困境，力图从重建社区社会资本方面重构生态环境治理合作共同体，实现社区共同体化[③]；另一个是从建立利益共同体的角度来为社区治理提供策略。如何绍辉提出以居民房屋区位品质、市场交易价值与良好的社区环境之间的联系为纽带，增强居民的地域认同感，来推动社区公共意识与社区一致行动力[④]。不论是哪种说法，其目标都是增加居民产生机会主义和“搭便车”行为的成本，从而减少这类行为。而社会资本和情感联结过于抽象，无法从实际操作层面去进行实践。社区环境治理也不能仅在政策文本的静态分析层面徘徊，更要深入居民日常生活场域进行动态的治理，所以空间治理不失为一种突破的路径，利用空间的公共性和开放性，通过居民自主改造和规划环境空间，利用和创生空间资源，从而产生对空间的私有感和认

① 江晓华：《环境发展的社区治理制度研究》，《安徽农业大学学报（社会科学版）》2010 年第 2 期。

② 郑杭生：《破解在陌生人世界中建设和谐社区的难题——从社会学视角看社区建设的一些基本问题》，《学习与实践》2008 年第 7 期。

③ 王芳、李宁：《新型农村社区环境治理：现实困境与消解策略——基于社会资本理论的分析》，《湖湘论坛》2018 年第 4 期。

④ 何绍辉：《论陌生人社会的治理：中国经验的表达》，《求索》2012 年第 12 期。

同感，增加居民环境保护不合作行为的成本，通过空间表征的重构促进居民的情感联结和利益趋同，打造“共享感”空间，增效社区环境治理。

三、对已有文献的述评

（一）关于“人民城市”的理论研究较多，而如何将这一理念贯穿到城市治理中的实践研究较少

目前对于人民城市理念内涵的理解和当下实践的思考已经颇为丰富和完善，研究了人民城市理念中的以人民为中心的价值取向和建设思维，强调人民性始终离不开三个“人”：在城市发展目标上，让人民更有获得感，发展成果由人民共享；在城市发展内容上聚焦人民群众的合理需求；在城市发展路径上发挥人民主体作用，鼓励人民参与①。但对于人民城市在城市治理领域的经验性研究较少，多以提出治理宏观层面方针为主，如治理的价值理念和治理目标，在人民城市理念如何指导具体的治理实践并贯穿于治理过程始终的研究不足，对于人民城市在社区基层治理中操作化实践的研究也有所欠缺。

① 诸大建、孙辉：《用人民城市理念引领上海社区更新微基建》，《党政论坛》2021年第2期。

（二）社区环境治理中重视“硬设施”而偏离人民主体的价值

环境治理实践困难的实质在于环境治理的价值偏离，没有以“人”为根本尺度和价值遵循，很多环境措施的管理逻辑与居民的生活逻辑相背离[①]，严重干扰居民的正常生活，不符合居民的真实需要。管理层面对环境治理的内涵依旧局限于容貌卫生的整治，环境治理关注“美观性”的外在目标，但忽略了“生活性”的内在需要，居民对环境的需求并没有得到真正的满足，没有从“美好”的环境中得到获得感、满足感和安全感，反而损害了居民利益，伤害了居民感情，激化了居民与社区行政层的矛盾，从而削弱了社区凝聚力，反而加剧了社区环境治理难度。在人民城市的理念下，社区环境治理体系面临理念和实践的转型。环境产品和服务不再是单向度的“供给”、无差别的“给予”和暴力式的“填塞”，而是要对居民的需求有充分的体认，对需求的差异有充分的把握，显示出环境治理的精度与气度，在细节中体现出人文关怀，从而让社区的发展更有温度，居民生活也更有品质，真正做到“人民城市”的价值遵循。本书旨在基于人民城市的理念，从公共环境空间的构造探寻社区环境治理的可行路径，对社区环境治理的可持续性发展和治理体系的高效运行进行有益探索。

---

① 何雪松、侯秋宇：《人民城市的价值关怀与治理的限度》，《南京社会科学》2021年第1期。

（三）从城市治理中人与自然的关系研究看，人工环境与自然环境和谐共处的研究思路贯穿于城市绿色发展研究中，但对“人民性”内涵的解析尚不充分

城市绿色发展以人为核心，展开城市增长、生态福祉等方面的研究，但现有研究更多的是从可持续发展的视角考量，认为人（或人类）的需求是城市可持续增长。然而，人民群众对美好生活的向往远不止于可持续增长，而是在可持续增长的基础上实现人的自由全面发展，即“人人都有人生出彩机会、人人都能有序参与治理、人人都能享有品质生活、人人都能切实感受温度、人人都能拥有归属认同”。城市绿色发展的研究呈现出跨学科特点，但缺少一定高度的统合。生态学的视角注重生态系统服务研究，经济学的视角注重生态补偿、碳市场研究，公共管理学的视角注重城市规划建设、治理体系研究，尽管各视角都有各自的学术贡献和一定的解释力，但由于缺少一定高度的统合，对实践的指导性不足，尤其是对于上海这样的超大城市。

基于上述讨论，本书运用“人民城市”理念统合城市绿色发展的诸领域研究，即通过统筹推进经济社会发展与生态环境高水平保护，使城市发展时时为人、城市治理事事关人、城市建设处处见人，并且通过上海落实碳达峰碳中和目标，促进上海城市绿色高质量发展中的经验和做法，力图探索在城市发展领域如何落实和发展人民城市的理念，尝试为人民城市理念内涵的丰富和完善提供实践性的经验总结。

第二章

人民城市的绿色底色：理论基石与实践经验

2019年11月2日，习近平总书记在上海杨浦滨江提出“城市是人民的城市，人民城市为人民”的重要论断，其中所蕴含的“人民城市”理念成为指导上海城市建设，及上海探索社会主义现代化国际大都市生态文明建设新路的重要理念和行动遵循。2020年6月23日，中国共产党上海市第十一届委员会第九次全体会议审议通过《中共上海市委关于深入贯彻落实“人民城市人民建，人民城市为人民”重要理念，谱写新时代人民城市新篇章的意见》，对加快建设具有世界影响力的社会主义现代化国际大都市作出全面部署：从根本属性、人本价值、生命体征、战略使命、精神品格和主体力量六个方面把握人民城市的特征，其中在根本属性中进一步阐发只有坚持城市发展的正确方向，才能够“打造人人都有人生出彩机会的城市、人人都能有序参与治理的城市、人人都能享有品质生活的城市、人人都能切实感受温度的城市、人人都能拥有归属认同的城市”。实际上“五个人人”作为上海城市建设的最终目标，实现的关键在于形成一套人民群众作为上海城市建设主体的行动体系。

以往已有学者关注到城市发展中的人文性问题，如针对现代化进程中提出的“城市人”[①]“以人为本”[②] 等理论。“人民城市”作为中国特色社会主义新时代语境下的新概念，其政治性和意识形态性的凸显可追溯到 2015 年 12 月中央城市工作会议中提出的“坚持以人民城市为中心的发展思想，坚持人民城市为人民”，可以说这次工作会议成为新时代人民城市理念研究的逻辑起点。[③] 一方面，就“人民城市”理念内涵维度，不同学者基于不同视角厘清概念内涵：从经典理论视角来看，新时代人民城市理念在批判性继承传统民本思想基础上，实现了对马克思人本思想的时代拓展[④]；从新时代场域来看，人民城市则是中国特色社会主义城市发展道路的具体表达[⑤]；从城市建设来看，城市发展内容要为了人民（for people）、依靠人民（by people）和满足人民（of people）[⑥]；从主体层面来看，人民城市的生活逻辑体现为生活、生机和生计的统一，尤其要避免管理逻辑对于生活逻辑的入侵。[⑦] 另一方面，就上海人民城市探索的实践维度，不同学者基于不同视角探讨了人民城市建设的实践探索。聚焦于城市更新视角，上海城市在规划理念上注重空间赋能，充分挖掘和发挥空间自然要素附加的生态价值、人文价值和经济价值[⑧]；聚焦于环境保护视

---

① 石楠：《以人为本》，《城市规划》2005 年第 8 期。

② 梁鹤年：《城市人》，《城市规划》2012 年第 7 期。

③ 刘士林：《人民城市：理论渊源和当代发展》，《南京社会科学》2020 年第 8 期。

④ 宋道雷：《人民城市理念及其治理策略》，《南京社会科学》2021 年第 6 期。

⑤ 吴新叶、付凯丰：《人民城市人民建、人民城市为人民的时代意涵》，《党政论坛》2020 年第 10 期。

⑥ 诸大建、孙辉：《用人民城市理念引领上海社区更新微基建》，《党政论坛》2021 年第 2 期。

⑦ 何雪松、侯秋宇：《人民城市的价值关怀与治理的限度》，《南京社会科学》2021 年第 1 期。

⑧ 徐毅松、DONG Wanting：《空间赋能，艺术兴城——以空间艺术季推动人民城市建设的上海城市更新实践》，《建筑实践》2020 年第 S1 期。

角，有学者强调要用“两山理念”指导人民城市的生态文明建设。[①]尤其是在“人民城市”理念提出的杨浦区，不仅发布了三年行动计划，也明确争创人民城市建设示范区目标。[②]此外，在人民城市理念指导下的上海“微基建”[③]“公共卫生体系建设”[④]以及“公共绿地规划”[⑤]成为上海城市治理格局中的热议话题。

“五个人人”理念具有深刻的唯物史观意蕴，即立足于人民主体创造历史这一基本观点。唯物史观始终以“现实的人”作为逻辑起点，从而根本上区别于以往一切忽视人的旧历史观，后者将社会发展规律仅理解为“社会达尔文主义”，因此以经济发展的自然规律遮蔽人和践踏人。即便是英国国民经济学也将人视作“理性经济人”，此种经济范畴的人格化特征根本上将人的行动诱因归结为本能驱动，将社会发展驱动力视作劳动者“受动性”。就此而言，以旧形而上学为知识框架的城市建设学科不过仍从属于现代性框架之下，并遮蔽城市建设主体的人民群众价值。而马克思将“现实的人”作为历史活动的起点，从劳动“主动性”一面解释人类社会发展规律的历史唯物

① 程鹏：《践行“两山”理念，擦亮人民城市“成色”》，《中国环境报》2020年10月11日。

② 谢坚钢、李琪：《以人民城市重要理念为指导　推进新时代城市建设和治理现代化——学习贯彻习近平总书记考察上海杨浦滨江讲话精神》，《党政论坛》2020年第7期。

③ 诸大建：《微基建与城市可持续发展》，《可持续发展经济导刊》2020年第8期；刘淑妍、吕俊延：《城市治理新动能：以“微基建”促进社区共同体的成长》，《社会科学》2021年第3期。

④ 侯桂芳：《“人民至上”理念引领下的上海城市治理新实践》，《上海党史与党建》2020年第7期。

⑤ 金云峰等：《“人民城市”理念的大都市社区生活圈公共绿地多维度精明规划》，《风景园林》2021年第4期。

主义为实现上海城市建设“五个人人”目标奠定了科学理论根基。

第一，“人人都有人生出彩机会”意味着人的发展价值的实现，其对城市绿色空间建设提出要求。城市建设要依循建筑形态的自然建构之道、建造之理及其保持设计对自然要素的敏感性，因此城市规划和建设应当在尊重资源上限、环境底线、生态红线下加强全生命周期管理。但同时，人人出彩作为满足主体生存需要基础上的价值实现，同时对城市中人性化的生活空间提出更高要求：拥有良好生活环境的生活空间不仅要保障人的基本生存安全的实现，更要在发展维度上满足人对于生态环境要素的价值追求和审美享受。囿于不同自然地理因素或区域空间水平上的生产力发展水平，不同主体之间在生态利益上存在分化，因此城市建设既要全局性统筹不同空间主体的整体生态利益，又要协调各种空间主体间的特殊生态利益。在根本理念上，上海城市建设要坚定人民理念的价值立场，但在实际运行中，人民理念的价值立场要落实和归属于具体的个体、集体、单位、社区、地方部门、国家部门等不同维度与层面的主体。如何协调多元、多维空间主体之间的关系，减少、避免不同主体之间关于生态利益的不合理配置，理顺不同主体的生态权益、生态关系，对上海人民城市建设有实质性影响。

第二，“人人都能有序参与治理”意味着要发挥人民群众在城市环境治理中的作用。城市建设中绿色空间的营造与保护不仅仅是政府等公共机构的行政性事务，同时也要从人民群众生产生活的日常生活视角去看待该问题。换言之，人民城市的绿色底色兼具宏观政治叙事和微观生活叙事的双重属性。马克思尽管曾充分肯定在向共产主义社会过渡中国家管理机构的必要性，但社会公共事务最终要由

"自由人联合体"来共同协商，发挥人民群众在环境治理中的作用显然具有马克思主义的根本价值立场。相反，西方资本主义国家城市建设的"个体本位"价值导致主体之间过度的利益分化，其背后隐藏了资本自我增殖逻辑使广大工人阶级被排斥在环境治理议题之外。作为一种"被动排斥"而非主动疏离环境议题，其实质在于被资本物化的主体丧失地位与意义，精神生活世界遭到资本的严重挤压，这个时候人面对城市生态环境不是感到幸福和快乐，而是感到痛苦和压抑。"人民城市"理念指导下的城市建设不仅对于城市绿色空间营造提出要求，而且要求人民群众切身参与到环境治理体系中来，进而在城市建设中真正关注人民主体，践行"人民城市"理念。

第三，"人人都能享有品质生活"意味着城市中不同空间具有协调性。如果说早期现代化进程中生产力迅猛发展需要过度关注城市的生产空间，并在一定程度上挤压了城市中的生活空间与生态空间；那么现代化进程持续推进凸显的自反性矛盾则需要更关注城市发展的可持续性，无疑生态自然要素构成可持续性发展的首要前提。20 世纪中叶伦敦烟雾事件和洛杉矶光化学烟雾事件的环境公害事例从反面证明了品质生活的重要性。人民群众的生命安全构筑了城市品质生活的生态安全底线，应然状态下城市的功能应当是生产—生活—生态空间的和谐。就上海城市建设而言，高品质生活的打造首先要以雄厚的经济基础为支撑，这需要着眼于上海发挥四大功能地位，通过优化产业布局拉动上海经济增长。在 20 世纪 90 年代初期，浦东开发开放紧抓产业布局，发展服务业和制造业，在核心功能区建立了全国第一个金融贸易区、出口加工区以及全国第一家证券交易所、期货交易所，吸引外资金融机构及中外合资的零售企业、物流企业等，引导和培育现代服务业的发展。2001 年中国加入 WTO 以后，浦东顺应全球技术、人才、资本等要素流动的趋势，不断加快制造业升级，特别是借助张江科技园区和平台，引进并发展电子信息、汽车产业、成套设备、新能源、生物医药等先进制造业。[①] 其次城市建设应当通过生态修复和生态保护提高城市的生态竞争力，这是区域城市可持续发展的资源支撑，不仅有利于当代人的发展还有利于后代人的发展，从而适应新时代人民群众日益增长的生态需要，这里值得一提的是市民生态文明意识的提高，这才是打造宜居城市持续的内在动力。例如，当前开展的垃圾分类只有成为市民生活方式的一部分才能真正提升城区的环境质量，使城市发展最终落实为“人的现代化”。

第四，“人人都能切实感受温度”要求精细化的治理水平。对人民群众而言，城市建设不应当是冷冰冰的物质空间建筑，而是通过精细化治理来不断缩短城市建筑与人民群众之间的心理距离，切实让栖身城市之中的人民能够感受到“温度”。以近年来上海城市更新为例，社区除了作为人们生活意义上的物质空间以外，更作为联系人与人情感关系的共同体纽带，“城市更新”的本质是能够让百姓感受到温度。然而上海作为超大规模的城市建设具有自身的复杂性，治理过程要统筹个体性与整体性关系，尤其是在老旧小区更新换代过程中，要统筹兼顾居民个体与公共政策之间的平衡关系，如此才能使“人人感受到温度”。位于上海市长宁区的新泾六村是标准的上海“老公房”社区，但走进社区就会发现，这里没有一点“老旧”的样子——干净整洁、鸟语花香的社区环境，各种科技范儿十足的健身、

① 权衡：《浦东开发开放：国家战略的先行先试与示范意义》，《光明日报》2020 年 4 月 24 日。

医疗、政务办理智能设备，装点了多种乐器的楼道“音乐角”……在新泾六村，文明实践活动连接了千家万户，居民能够享受丰富的精神文化滋养、便捷的惠民服务，能广泛参与垃圾分类、文明交通等方面的志愿服务，使文明新风吹遍每个角落，让这处“老公房”社区展露新面貌。① 事实上城市建设中的社区更新不仅有利于激发社区活力和提高社区生产效率，更应该贯彻“人人都能感受到温度”的原则理念，在更新物质化实体空间、保障空间有序和防范生产风险的同时，也通过公共性空间营造来更新社区主体的观念，从而使其在城市更新中感受到温度。

第五，“人人都能拥有归属认同”阐述城市所具有的“真正共同体”属性。城市共同体起源于危机时为个体生命安全以及心理健康提供庇护场所，尤其当共同体遭遇重大自然灾害或者社会风险时则会影响社会成员的心理状态；反之，社会心态作为潜在的社会行为意向，其凝聚力和健康状态会转化为构建社会共同体的现实动力。前社会进入到风险社会，社会转型尤其是重大自然灾害以及公共卫生事件的发生凸显城市共同体之于个体价值的安全防护功能，而作为从传统以血缘纽带型共同体游离出的“原子个人”，由于公共精神式微产生的焦虑、怨恨以及人际信任网络坍塌等失衡社会心态不利于共同体认同的产生。马克思共同体思想以“现实的人”作为逻辑起点，立足于“劳动实践”的生存之基，旨在追求“真正共同体”的实现。一方面，城市的“真正共同体”属性关乎公共精神的涵养，后者是社会心态追求的价值目标。换言之，城市共同体的建设应当关注社会心

① 李睿宸：《打造新时代文明实践“上海模式”》，《光明日报》2021 年 10 月 13 日。

态，社会心态状况是反映城市秩序稳定与否的标准，共同体不仅为个人生命安全提供庇护场所，同样个体也以自我意识及实践能力参与到共同体秩序的构建过程中，正是这种“自由的有意识的活动”是人与动物的区别所在，并促使社会整体文明程度提升。另一方面，“人人都能拥有归属认同”意味着个体基于自由有意识的活动形成对于共同体的价值共识，从而能够主动参与到共同体事务中。“环境正是由人来改变的，而教育者本人一定是受教育的”,[①] 只有个体充分认识作为使命性存在的精神文化生命维度，即公共精神，才能自觉推动共同体的发展。实际上党的十九大报告强调“加强社会心理服务体系建设，培育自尊自信、理性平和、积极向上的社会心态”，以及党的十九届四中全会重申“健全社会心理服务和危机干预机制”旨在通过相关体系培育积极社会心态，皆为了达到主体对于城市共同体的认同。具体到如何打造人人都能拥有归属认同感，则可以依托上海作为红色文化、海派文化以及江南文化的优势来增强人民群众的体认，除了让人民理解历史源流上上海独特的价值与地位以外，尤其凸显作为党的诞生地的上海，始终是为人民谋幸福之地，这都有助于增强城市品格，增强人们对于城市的融入感。

自中国特色社会主义进入新时代以来，社会主要矛盾的变化对于城市建设高质量发展提出了更高要求，生态环境需要成为人民日益增长的美好生活需要的题中之义，同时城市作为人民栖身之地和寓居之所的物质空间形态，城市建设过程中满足人民生态需要的探索必将增益“中国式现代化”新道路的实体性内容。上海城市建设以实现

① 《马克思恩格斯文集》第1卷，人民出版社2009年版，第504页。

“五个人人”为目标，关照人民城市理念下的生态文明建设具有如下维度的考量和相应意义：第一，作为党的初心诞生地的上海，考察红色文化与绿色生态相得益彰所展示的人民意蕴。第二，作为新中国改革开放前沿阵地的上海，考察经济发展与生态保护相互协调中蕴含的人民立场。第三，作为拥有复杂系统和承载巨大人口的上海，考察“人民城市”理念指导下的城市建设与生态文明建设相协同的必要性以及现实性，能够为社会主义现代化国际大都市建设探索新路径。

一、科学属性：城市建设的生态维度

从普遍维度层面考察“城市”建设的科学性是辨明其与自然生态关系的前提。尽管城市的出现与发展并非现代社会产物，但其“自我主张”或者“主体性”地位却是现代产物，前者意味着传统社会场域中依附于农业生产的城市内部不具有变革旧有经济要素的生产关系，后者则意味着现代社会场域中作为市场逻辑扩张结果的城市，其内部不仅产生了先进的生产关系，而且成为影响人们自由全面发展的新社会形态这一主体独立地位。就此而言，可以从经济学、社会学甚至地理学等不同维度对城市展开研究，自然生态因素也在研究城市的不同维度中具有不同功能，如自然在经济学维度中作为生产资料，在地理学维度中则是形塑城市的具体样态，而在社会学维度中直接影响人口规模的扩大，抑或成为衡量城镇化水平的直接要素，从哲学层面看待城市源自对上述不同学科视角的提炼和概括。换言之，无论何种学科视角下的“城市”本质上都是作为“共同体”而出现，这里的“共同体”是广义而非社会学家滕尼斯与“社会”概念相对举的狭义概念，即是人类群体为应对外在风险，旨在保持自身生存和发展而所形成的实体组织。

第一，城市中人的生存发展需要考量赖以生存的自然条件状况。在传统生产力低下时期，人如何处理自身与自然之间的关系状况甚至成为决定城市变迁的重要因素，传统社会的刀耕火种以及祖先生活的不断迁移就是寻找优良自然环境而定居的过程。换言之，城市演进形态由人与自然之间的相互调适关系所决定：一方面，传统城市形态相对停滞的原因在于生态自然力量相对于人的统治地位。传统社会中地缘共同体和血缘共同体的重叠构成早期城市的基本样态，此时城市具有明显地域性特征，这种组合方式的优势在于人类能够联合力量共同获取生活资料、生产资料，并抵御自然界风险，但这种抵御远没有超出自然环境阈值，因而以“血缘”或“土地”为纽带的传统城市形态缓慢发展，而并不能突破自身。另一方面，传统城市形态中生态自然因素与人的关系大致处于莱布尼茨所说的“预定和谐”状态。此种预定和谐事实上指涉原始和朴素的“均衡”状态，换言之，生产力的低下使人对自然的利用和改造水平仍然处于生态自然系统阈值内。城市中人的生存和发展直接依靠自然所提供的生产资料，而非“人造”物质产品，如土地可直接向社会成员提供生产和生活资料，城市作为自发和自然而然建构的结果，人与自然的关系具有天然一致性，因为关系本身并非从作为主体的人的生产实践活动中产生，自然与人关系这种“一体”反之夯实城市形成的基石。由此观之，主体自发联合进而产生“城市”毫无疑问与土地和劳动的原始性有关，是自然的劳动主体附着于自然的劳动客体——大地之上。总之，作为实体组织的城市，其外在形态体现了居住于此的人与自然之间的关系，以及人对自然生态环境的“有限”改造，就此而言，自然地理因素构成城市规划、建设、发展和更新的“元结构”以及“元治理”的基本单位。

第二，城市内部不同群体以及代际之间的利益交汇点在于生态资源的有限性和长期性。现代意义上城市作为先进生产力和思想观念代表出现，具有吸引人口流入的“虹吸效用”，因此在占据传统城市理论主流的“人口论”“城镇化率”或“城市化水平”等都将城市作为人口在空间范围内积聚的结果。事实上存在于“人口论”背后隐而不彰的问题在于生态资源的有限性与人口规模的扩张性之间的紧张，尤其是当作为商品的生态资源被纳入市场扩张的资本逻辑中时便成为“私有产权”，此时生态环境便具有与公共福祉相悖的“排他性”，这意味着一部分群体对于优美生态环境的享用必然损害另一部分群体的生态权益。城市可持续发展的内在动力则源于自然—个人—社会三者的有机统一，此种状态意味着个体的自由全面发展能够与他人、与自然之间达到“双重和解”。就不同群体之间而言，现代社会内部随着工业化、货币化、市场化以及普遍交往形式的扩大，经济领域内出现了以货币、资本等为抽象物对人和自然的统治，不仅自然作为“不费分文”的商品被纳入资本正反馈机制中，个体的劳动也必须依附自然才能创造剩余价值，双重因素导致城市内部成员之间以及成员和自然间的“异化关系”，而这种异化关系反过来又加紧了社会内部成员之间的争夺。就不同代际群体而言，生态环境在代际群体之间的分配体现了城市公平正义的要求，即要确保每位社会成员的环境权益。尽管环境权益受到普遍关注是从 1972 年《人类环境宣言》开始的，《宣言》中将人类在美好环境中享有自由、平等、充足生活条件的权利确立为人的基本权利，但自古希腊开始就赋予自然以“存在论”意义。事实上城市发展同样如此，每一位社会成员的生产状况和生存环境都不可避免地受到历史上遗留下的“剩余劳动”的限制，若前代人对自然资源采取“竭泽而渔”的使用方式，无疑使后代人面临生存和发展困境，并且城市的发展也会逐渐走向不可持续性。然而我们在规范性或者应然状态意义上所谈论的城市建设仍然与现实之间存在难以弥合的鸿沟，现代化和工业化水平的不断推进在使社会物质财富得到极大提升的同时，也出现“人被物所奴役”的趋势，这种趋势使社会成员以“短视”目光考虑自身对于自然资源的使用权，而将后代人的环境权益抛之身后。一个事实是，当今社会中由人与自然关系紧张直接导致生态矛盾爆发并扩展到区域和国家之间，更为严重的是人与自然之间的生态矛盾与社会政治、经济、文化、信息等各个领域矛盾相互交织叠加，威胁到城市的健康发展。质言之，城市建设的生态维度关联于人与人的社会关系状况。

第三，具体来说城市的选址和形成总体上是人们在特定地理环境中追求生存发展的积聚结果，同时追求人的全面发展理应是城市的内在目的，古代的“倚山傍水”或“易守难攻”即是例证。不仅如此，现代城市在规划和建设阶段也应当做到与当地生态环境要素相互耦合，对于自然生态的考量使后者成为标示城市特色的自然资源要素，如上海的黄浦江、北京的什刹海公园、南京的玄武湖以及杭州的西湖等，这些山水反过来成为城市历史的载体和写照。就此而言，生态与规划构成了城市建设、发展、更新和治理的“元结构”或“坐标载体”。从传统应急管理中的系统工程注重对于城市物质设施规划来看，区域所处自然要素及其建筑其上的物质基础或者说基础设施情况很大程度决定了该城市防范自然灾害风险的能力，这种规划和建设属于“事先性预防”。在2021年4月23日出台的《中共中央国务院关于支持浦东新区高水平改革开放　打造社会主义现代化建设引领区的意见》中明确提出“加强地下空间统筹规划利用，推进海绵城市和综合管廊建设，提升城市气候韧性”，海绵城市技术就是通过布局城市防洪排涝基础来应对城市积涝问题，同时一些海绵水网系统进一步对雨水进行处理从而达到节约水源的效果，也不乏一些海绵水网系统具有的景观塑造和休闲娱乐功能。美国城市规划学者戈德沙尔克曾在2003年提出与上述相似的概念，即韧性城市系统中应涵盖可持续的物质系统和人类社区，只不过若想“物质系统”更好发挥作用只有与人类社区相结合。除了在城市规划中考量自然生态因素（当然这里的考量更多的是出于事先防范的视角）外，还有自然风险过后的“城市恢复”。与事先防范强调物质基础设施的建设不同，“城市恢复”工作主要针对各类自然灾害发生以后，各个社区不仅要将当地的物质基础设施恢复到之前水平，更为重要的是还要注重居民的社会心理建设，从物质和精神两个层面发力构建“社区共同体”，因此“城市治理的‘最后一公里’就在社区”，社区是人们的共同生活体，人民城市理念要求城市建设工作的重心也要下沉到社区：于社区而言，此种下沉意味着社区自身要有能力、有条件和更为精准地解决好群众所关切的突出问题，具体通过在事前阶段制定防范自然灾害风险预案，包括编制灾害图，标注灾害应急场所，以及建立一整套针对社区居民的风险管理制度，制定切实可行的生活支援对策等；于群众而言，此种下沉意味着每一位社区成员要在风险发生之后，加强防灾意识和防灾技能，提高防灾能力，自我调适防灾能力心理，从而真正实现“城市恢复”的内生动力。第三个层面则是从较高的理想目标维度或者说更高的要求做出的，即在前两个层面上进一步发挥生态系统的多重功能。如果说前两个层面的城市建设针对生态系统的内部自我运动展开，后一层面则强调将可持续理念融入每个基础设施中，城市具有的防灾功能不仅仅体现在绿地和公园等专门的应灾防灾设施上，城市中的交通道路、休闲广场和绿道林荫等也应当兼具防灾避难功能。如此，城市建设才能真正做到与生态文明建设的交相辉映，甚至“生态城市”本身就具备了休闲娱乐功能，以此更好满足新时代以来人民日益增长的对于优美生态环境的需要。英国社会活动家埃比尼泽·霍华德曾在《明日的花园城市》中提出“花园城市”概念，这个概念在当时方兴未艾的现代化运动背景下，引领了世界城市发展的理论和实践。这一概念尽管为我国城市发展中的生态文明建设提供了借鉴，但有必要从产生背景、理论内涵和实现路径对“花园城市”做出进一步厘定，以便更好地适应中国的城市建设实际。霍华德提出花园城市是针对20世纪初的先发资本主义国家工业化进程中产生的社会矛盾，因此无论是从概念内涵还是建构路径上来说都具有明显的地域性和时代性，地域性体现为资本主义国家内部出现了城市集中与农村衰竭的矛盾，时代性体现为这一概念是经济发展到一定阶段的产物，因此，“花园城市”作为重塑城乡关系、重整经济发展的重要载体，不过是以低廉土地来实现资本增值的工具性手段而非目的本身。因此，经济因素而非人文因素是“花园城市”所考量的主要因素。此种城市建设的模式并不适合中国城市建设，因为中国特色的现代化城市建设中对于“花园”或者“公园”这一绿色维度或者说生态维度的考量主要是基于人民主体的因素来建构的。

二、价值立场：人民城市建设中的生态文明之维

（一）廓清人之“主体”实际意涵是理解人民城市建设生态之维的价值维度

这里的“主体”是基于类本位而非个体利益或群体利益的价值取向。城市作为共同体，构成全体人类生存的重要物质空间场域；同时城市这一共同体异于动物意义上“族群”的特质，也恰恰在于作为主体的人。除了生态自然环境构成早期城市规划的地理因素外，人作为城市中的活动主体使其城市具有“人文性”，溯源柏拉图的“理想国”以及亚里士多德关于“善是城邦共同体最高价值”相关论述，就能发现最初城市的产生不仅意味着成员之间的“共同生活”或“共同存在”，也带有“共同利益”以及“共同善”这一价值维度；尽管后来滕尼斯明确区分了传统的共同体与现代社会的产生，就不同于古希腊思想哲学史传统中“城邦”或“共同体”的现代意义上“城市”概念来说，城市具有的人文性、情感性和价值性等特质不容置疑。换言之，城市建设与主体自由全面发展相互形塑。由于以下论述会使用大量篇幅来讨论作为城市建设中的人之主体，因此这里简要对“主体”概念进行说明，因为概念的廓清和厘定有助于把握事物本身，而非仅仅从现象层面陷入事物的感性杂多。“主体”这一极具西方传统哲学色彩的概念从诞生伊始，就浸润着浓郁的理性主义色彩

和慷慨激昂的乐观主义情怀，无论是笛卡尔的“我思故我在”还是培根的“知识就是力量”，皆赋予“主体”在对象化世界面前以强大的支配权力，这种论断将“自然”置于客体地位，然而“主体”在现代性的持续推进下也暴露出自身的缺憾，即破坏了自然生态系统的协调性进而昭示着人自身的发展困境，甚至可以说，这种困境正是由于“主体”带来的。那么，本书中究竟是在何种意义上使用“主体”概念呢？尽管承认人的因素在城市建设中占据重要地位，但这并不意味着无限夸大人的主体地位，也不意味着不加鉴别地接受西方哲学传统中有关“主体”的一切积极因素，因为相较于西方幽暗中世纪神学对人的精神的绝对压制和控制，“启蒙”首先意味着人的自我觉醒，极致的压迫就会有极致的抗争，因此起初彰显“自我意识”的“我”或者“我思”主体也正是在此语境下逐渐走向不归路，但每个人都不应忘记不归路的伊始是对宗教绝对统治地位的破除。承认上述观点，就意味着要承认“主体”概念出现的合理性，即是在肯定“主体”积极意义上来使用这一概念的，但肯定绝不等同于鼓吹和夸大所具有的力量，当下世界历史的转型已证明由理性过度伸张招致的现代性悖论。质言之，讨论人在城市建设中的主体地位实则强调人的价值，而非夸大人的作用。事实上，自人类出现以后那种忽略人、贬低人甚至要求退行性回到原始社会中的观点无疑具有浪漫主义色彩，城市本身不仅是作为人类实践活动的产物，其建设、更新以及发展都是为了“服务”于人，但再次声明这里的“服务”只是从价值论层面上强调对人的尊重，强调自由全面发展的人才是推动历史前进的内生动力。若没有人，就没有“人类历史的第一个起点”；若夸大人，就会导致“自然界的报复”。事实上作为“主体”的人是充满理论陷阱的词语，本书所承认的城市建设主体是以类本位、整体主义价值存在，而非以个体主义和群体本位价值作为城市建设的根本尺度。在当下全球化将人类置于不可逃避的风险共担、利益共存的全球城市社会中，类本位这一看似抽象的哲学概念获得其存在的现实意义。

（二）审视城市建设中的生态问题是理解人民城市建设生态之维的现实吁求

本书是以极具现实性意义的类本位高度来观照城市生态之于主体的重要性意义，然而现实发展总不那么尽如人意，否则便不会有一大批哲学家去探索如何打造一个“美好社会”或者“永久和平世界”。承认城市作为人生存和集聚地方的同时，也便意味着生产力状况发展决定了某一城市发育水平，城市出现与人类社会演进大致相同，但只有并也只可能在现代社会达至繁荣，因为“市”本身就意味着一种高度发达的商品交换关系。现代社会在马克思语境中是有着特殊含义的，即资本主义社会，这里则是从广义层面即现代化进程的广泛铺开来理解现代社会中城市的出现，资本和理性主义作为现代社会的双重建制，同时也嵌入了普遍维度上城市建设全过程。一方面，城市建设中理性主义要求具有全面占有和奴役自然的愿望和倾向。如上所述，理性主义将人从愚昧无知的中世纪神学统治中拯救出来的同时，也将人拖拽进入了理性主义所代表的形而上学的窠臼中，此为现代性的二律背反。进一步来说，这种悖论围绕经济危机、生态危机和人的生命危机所展开，尤其是理性主义支配之下的人在面对自然界的时候，态度相较于古代社会“自然逻各斯”的地位发生了大反转，即人认为面对自然界可以无所不为，加之科学技术的推波助澜使人在奴役自然的道路上越走越远，以致人忘记了自己本身也是从自然中走出的，本身就隶属于自然的一部分。另一方面，资本在城市建设中的扩张将潜在的生态危机变为现实。如果说理性主义的要求还仅仅具有一种主观主义的愿望和幻想，那么资本则将一切变为现实。资本内在增殖和扩张的愿望不仅将一切生态自然进行“通兑”，而且还极大压缩生产成本以便实现利润最大化，自然生态环境作为一种公共性资源，由于产权难以界定以及随处可见的“低成本”成为资本不费分文掠夺的对象。而一定城市内自然生态资源的有限性和再生的周期性与资本逐利性却存在难以调和的矛盾，长此以往必然会引发一系列生态问题。以城市建设中的大气污染为例，一些西方发达国家早期追求经济高速发展过程中造成大气污染等环境问题：20 世纪中叶伦敦烟雾事件和洛杉矶光化学烟雾事件就是历史上两个重大的空气环境公害事件。前者烟雾致死的人数达 4000 人，后者在 1950—1951 年因大气污染造成的损失达 15 亿美元，1970 年 75%的市民感染红眼病。除了空气污染外，水污染等问题也是威胁城市居民生存的重要问题，以“先污染后治理”为代表的传统现代化模式老路已被实践证明不符合社会发展的趋势。因为空气、淡水和土壤作为城市中人类生活的基本要素，是实现人类或者说城市持续发展的重要保障。反观中国现代化发展历程，改革开放初期工业化和城镇化在带来经济效益显著增加的同时，客观上也存在生态资源的浪费和破坏情况，在城市中，城市人居环境质量下降、公共绿地被挤压，还有资源耗费过度出现的拉闸限电等现象的发生，从各个方面威胁着人民的生命安全。换言之，解决经济发展与生态环境之间的悖论仍然任重道远；但这种任重道远并不意味着两者之间的关系始终不能被调和。事实上，西方国家围绕生态问题所兴起的一系列社会运动、不断调整的政治经济政策、持续改进的科学技术等都是应对生态矛盾的产物，遗憾的是由于上述措施仅限于资本主义制度框架内的小修小补，因而并未真正促成城市建设的全面绿色转型。只有从制度上解决经济与生态、资本与自然之间的关系，才能从根本上解决城市建设过程中的生态问题。正如有学者所说："以人与自然和谐共生为标志的绿色经济社会，这一全新定位既体现了我国经济社会发展进程中人与自然关系新型建构的本质要求，又体现了我国经济社会发展全面绿色转型，如实现生活方式、生产方式、管理方式、思维方式的全面绿色转型"，[①] 这里的全面就意味着是对传统现代化所采用的发展方式、生活方式、管理方式、思维方式的彻底革新和超越。也有学者从社会制度、创新动力、运行体制和规范体系四个层面提出实现人与自然和谐共生现代化的"全面"创新。[②]

（三）人民城市理念与生态文明建设的相互形塑是理解人民城市建设生态之维的应有之义

城市建设中出现的生态问题与资本力量逐渐壮大相关，但此种相关的后果在于忽视了当代人及其后代的可持续性发展，城市仍然从属于"以物的依赖性为基础的人的独立性阶段"，换言之，疯狂占有物

① 方世南：《绿色发展：迈向人与自然和谐共生的绿色经济社会》，《苏州大学学报（哲学社会科学版）》2021 年第 1 期。

② 张云飞：《建设人与自然和谐共生现代化的创新抉择》，《思想理论教育导刊》2021 年第 5 期。

成为一切事务展开的前提，这个时候城市与人的关系便开始疏离，城市化成为资本力量攫取而非人的生命本质展开的空间依托。此种状况在生态问题上的愈演愈烈会导致城市人的异化，不仅会产生城市人的无家可归；[①] 也会导致城市失去自身可持续发展的生态环境要素的支撑。[②] 与此相反，“人民城市”理念的相关论述则是对生态问题的诊疗和纠偏，是中国共产党治国理政的人民价值立场在城市建设中最为彻底的表达。一方面，中国特色社会主义进入新时代以来，社会主要矛盾的变化更加凸显人民日益增长的美好环境需要和供给不充分不平衡之间的关系问题，人民追求美好生活的实现是中国共产党治国理政的出发点和落脚点，与此相应，这一要求落实在城市生态文明建设过程也应当体现为满足人民生态需要、实现人民幸福。2019 年习近平总书记在上海杨浦滨江明确提出“人民城市人民建，人民城市为人民”，要扩大公共空间，以人民为中心，让老百姓有地方活动，好的城市，宜居的城市，就要有这个特点，其所立足的马克思主义唯物史观的方法也延伸出了中国特色社会主义城市建设的战略格局、依靠主体、方法路径和价值导向问题，为上海所代表的社会主义现代化国际大都市提高治理能力提供了根本遵循。另一方面，人民城市理念在具体城市工作中的落实要体现为“三生”“四宜”的统筹安排。换言之，“三生融合、四宜兼宜”的人民城市建设彰显中国特色社会主义现代化的本质要义。现代化的发展要求城市具备生产空间的高效集约、生态空间的山清水秀和生活空间的宜居适度，这是一切国家城市

---

① ［美］马修·德斯蒙德：《扫地出门：美国城市的贫穷与暴利》，广西师范大学出版社 2018 年版。

② ［英］顾汝德：《失治之城：挣扎求存的香港》，香港天窗出版社 2019 年版。

发展的普遍诉求，然而坚持打造宜业、宜居、宜乐、宜游城市环境的目标才能彰显中国特色，习近平总书记强调指出："无论是城市规划还是城市建设，无论是新城区建设还是老城区改造，都要坚持以人民为中心，聚焦人民群众的需求，合理安排生产、生活、生态空间，走内涵式、集约型、绿色化的高质量发展路子，努力创造宜业、宜居、宜乐、宜游的良好环境，让人民有更多获得感，为人民创造更加幸福的美好生活"。①

贯彻人民城市生态文明建设可从如下方面展开论述：从主体层面来讲，人的生态需要兼具生存和发展双重属性。过于看重"物"的"千城一面"物质结构，损失了城市的"灵魂"。工业化进程的开启使流水线的规模化生产磨平了劳动者的个性化需求，使有限城市空间被"钢筋水泥"的密集建筑所填满。但随着信息技术的日益精进，"回归自然"的呼声日益高涨，现代城市生存体系越来越要求吸纳生态环境、人文景观因素。生存需要意味着良好的生态环境是使人能够活下去的前提条件，而发展层面意味着优美生态环境能够实现人们自我满足，甚至更高层次美的享受。从社会层面来讲，人作为社会关系总和有如下本质规定：每一个人都要隶属于一定的共同体中，无论这种共同体是心理层面的归属需要，还是实体组织层面的社会组织，但无论何种形式的共同体，都必须依托现实社会中的"社区"为其物质载体，因为"城市治理的'最后一公里'就是在社区"，理想意义上，人民城市空间必须体现"社区共同体"的情感归属关系，这种体现反向要求人民城市的生态文明建设不仅要打造生活共同体，还要

① 《深入学习贯彻党的十九届四中全会精神　提高社会主义现代化国际大都市治理能力和水平》，《人民日报》2019 年 11 月 4 日。

兼具情感共同体。从宏观层面来讲，特定区域内生态资源状况同时决定了城市内部以及城市之间兴建互联互通交通建设的状况，尤其是新科技革命浪潮所带来的信息技术的发展为城市与生态文明建设相和谐提供强大技术支撑。这里涉及“区位优势”的概念，经济学将区域优势等同于交通便利，并将此标准作为该区域未来发展潜力大小的判定标准，1826 年德国经济学家杜能在《孤立国同农业国和国民经济的关系》中提出了“杜能圈”，这里暗含了有关具体产业区位优势的判定条件，如果说农业区位优势在于“向内”嵌套入城市中心距离，工商业时代区位优势则在于“向外”联通全国的便利程度。1909 年德国经济学家韦伯出版的《工业区位论》提出，最佳区位点是生产者所处的生产和运输成本最小的点，上述不同方面讨论的要点始终在于某地区的地理环境优势，只不过现代社会科学技术因素与生态环境相融合，从而共同助推城市未来的建设与发展。因此，将人民城市理念落实到实际工作中，应当注重“科技赋能”。

三、历史概览：将“人民生态需要”贯穿上海城市建设全过程

从上述分析可以得知生态文明建设一方面是城市可持续发展的前提条件和必然要求；另一方面，城市建设、发展和更新的全生命周期都贯穿着人民群众日益增长的价值需要，尤其是自中国特色社会主义进入新时代以来所凸显的优美生态环境需要。以当下中国现实语境以及进入“十四五”新发展阶段的新方位观之，人民城市理念本身就

内在蕴含生态文明建设的必然要求；从国家大的战略布局来看，生态文明建设同样应当贯穿到经济、政治、文化及社会发展的方方面面，城市作为实体性的空间物质载体集上述功能为一体，因而人民城市建设全生命周期都应当体现为对于生态文明理念的落实。无论哪一个层面实则都离不开对于人的生态需要的呵护，因此问题讨论的落脚点在于以上海城市的生态文明建设实践落实人民对于生态需要的满足。对于这一问题的展开主要围绕如下层面。

（一）理论逻辑上，思考上海为何提出建设人民城市理念

上海作为党的诞生地，要以人民城市理念彰显中国共产党的执政宗旨。中国共产党的历史就是一部百年来不断带领中国人民实现美好生活的奋斗史。坐落于兴业路上的中共一大会址记录了中国共产党成立初期的红色记忆，位于长宁区的愚园路记载了中国共产党百年发展历程的红色足迹，可以说“一条愚园路，半部近代史”。从钱学森旧居出发，慢慢拓展到中共中央上海局机关旧址、愚园路历史名人墙、《布尔塞维克》编辑部旧址等点位，愚园路上的红色印迹“连点成线”。2021年中国共产党成立百年的时间节点上，成千上万的参观者从全国各地前来“打卡”愚园路，重温那段红色记忆。除了上述红色地标以外，上海这座城市以各种各样的形式带领全国各地游客重温党的百年历史，如“十一”小长假期间，一辆党史巴士“火”遍整个上海，很多市民纷纷预约体验，可谓“一座难求”。党史巴士沿着渔阳里、中共二大会址、五卅运动纪念碑、浦东开发陈列馆缓缓前行……伴随着讲解员的解说，党史巴士带领乘客途经20多处上海红

色地标。乘客在了解党史知识的同时，透过车窗便能感受到时代的巨变，这样一堂跨越百年历史的党课让市民心驰神往；在基础设施上，上海还做强做大红色文化，上海街道通过电话亭、文艺党课、主题展览、舞台展演、文化集市、经典诵读、人文行走、地铁专列等各种载体，让人们近距离触摸到党的光辉历史；在教育者的配备上，依托党的诞生地、初心始发地的独特优势，上海市成立首批由120个成员单位组成的上海市红色文化传播志愿服务联盟，擦亮“党的诞生地”“明灯”“大学生理论宣讲联盟”“文化三地”等文明实践志愿服务团队的红色名片，开展“百名志愿者讲百年党史”活动，让红色地标在志愿者声情并茂的讲述中焕发新光彩。

上海作为改革开放的引领者，要以人民城市理念彰显经济发展与生态发展的相得益彰。生产力发展的现代化规律是所有国家都不可规避的趋势和潮流。历史潮流浩浩荡荡，顺者昌而逆者亡，尽管西方发达资本主义国家所开启的现代化道路已被实践证明其所具有的历史性局限，然而不断革新的生产力水平却被证明符合历史发展的大势，持有任何偏见、摒弃生产力发展以致试图退回到传统社会发展的想法都会陷入观念乌托邦，因为历史不能被改写只能纵深发展。尽管现代性发展具有自身发展内在悖论，中国自近代以来也走上了一条探索现代化的艰难道路，因而同样需要思考如何实现经济发展和生态建设、经济发展与人的发展两者关系的协同。无疑西方所引领的现代化道路走的是逐步背离生态与人的发展的“歧路”，而中国自现代化道路开始就将经济发展定位为实现人的全面发展的“器”，因为现代化最终要落脚为“人的现代化”。其中上海作为现代化建设的重要阵地，其对于上述问题的处理无疑具有参照作用。2020年11月习近平总书记在

《浦东开发开放30周年庆祝大会上的讲话》中明确作出“提高城市治理现代化水平，开创人民城市建设新局面”的重要指示，人民宜居安居的目标内在要求城市建设必须解决人民群众最关心的利益问题，建设人与人、人与自然和谐共生的美丽家园。可以说上海社会主义现代化建设的发展事关长江三角洲、整个长江流域乃至全国战略大局。上海作为承载人口规模重大和拥有复杂系统的大城市，要以人民城市理念为国内其他城市的社会主义现代化建设打造“样板”。回溯新中国成立之前，上海于1949年5月27日迎来了解放，当人民在清晨推开家门时，看到了睡满门口身穿黄布军装的解放军战士；次日，陈毅市长在上海市人民政府成立大会上掷地有声地说：“上海今天已成为人民的城市，屹立于世界上，帝国主义者说什么共产党不能治理上海的谰言，一定要破产。”1978年宝钢集团的破土动工，1990年浦东开发开放号角的吹响，使上海新城的建设为日后全国的发展探索了一条新路。如今一座代表着社会主义现代化国家大都市的“新式的人民城市”屹立世界，这座将目标定位于建设“创新之城、人文之城、生态之城”的国际大都市实现了经济建设与生态发展的相得益彰。

（二）历史逻辑上，从上海历年人口情况和城市“三生”空间分布看待生态文明建设状况

上海作为东部地区的经济发达地区，以其区位优势和资源实力吸引了全国各地人民的迁入，根据2020年《上海统计年鉴》发布的数据，截至2019年上海户籍人口的机械增长率为7.01‰。与此相关，自1990年浦东开放开发以来，上海的土地利用也发生了巨大变化，因

为城市空间不同布局会对城市的经济发展、社会进步和居民生活水平以及环境质量改善产生影响。2020 年《上海统计年鉴》发布的数据分别呈现了上海 1990—2019 年总体绿地的变化情况，以及上海各区的绿化面积情况，尽管总体上上海的绿地面积呈现不断上升趋势，但仍然面临如何实现经济功能、社会功能与生态功能之间的平衡问题。溯源第一个城市出现伊始，尽管经济是各项工作的中心和事业发展基础，但城市作为系统有机体也是自然环境、人口要素和产业基础构成的“有机系统”，如果过分追求经济增长，就会造成“大城市病”，城市单一居住功能和早期物质形态呼吁更加多元化和整体化表达，加之人们差异化的利益表达和分工形式，这些因素都促成了城市更新的动力。换言之，在大城市发展过程中应当坚持生产、生态和生活空间的“三位一体”。这种“三位一体”实际上要求转变以往城市发展的模式，早期中国包括上海在内的城市发展和扩张曾经以大量农田的消失，山林、湿地、水域面积的缩减为代价，上海作为人口密集型城市只能走集约化和紧凑型的城市发展道路，在嵌入生态文明建设过程中实现从外延式扩张向内涵式增长转换。从城市发展需求来看，生态空间建设的基础性地位是城市发展的关键环节，没有良好的生态环境作为支撑，城市的繁荣发展只能是昙花一现，城市生态改善和环境保护是人民美好生活建设的题中应有之义。应当认真落实“绿水青山就是金山银山”“人与地球生命共同体”理念，从思想上切实转变传统城市建设思路、推进城市生态制度完善、提升理论和实践创新。与此同时，还要落实城市生态空间建设，根据人民的现实需要来打造城市公园、绿地绿道和公共景观，不断提升人民群众的生活幸福感和满足感，真正让人民群众在城市中看见蓝天白云、感受青山绿水、欣赏星光明月，使人民群众的城市生活更加宜居和舒心。

（三）实践逻辑上，关照上海当下以生态文化创意提升生态文明建设质量的实践

现如今上海通过打造绿色生态环境不断提升人居质量，而生态环境的优化一定程度上与文化创意产业实现了相互耦合和促进，发展方式的转变一方面是中国进入“十四五”时期经济高质量发展的新要求；另一方面，上海以其独有的文化资源优势厚植绿色生态文明建设实践。2021 年 6 月，《中共上海市委关于厚植城市精神彰显城市品格　全面提升上海城市软实力的意见》中通过上海精神和城市品格概括，为上海加快打造具有世界影响力的社会主义现代化国际大都市相匹配的软实力指明了方向，其中第 7 条提出“着力打造最佳人居环境，彰显城市软实力的生活体验”，实则强调将优美生态环境嵌入文化创意产业，从而“坚持留改拆并举，加快推进旧区改造、城中村改造、城市更新，把更多的城市更新区域变成绽放地带，打造生产、生活、生态相互融合，功能、形态、环境相互促进的新空间。按照最现代、最生态、最便利、最具活力、最具特色的要求，把嘉定、青浦、松江、奉贤、南汇五个新城建设成为引领潮流的未来之城、诗意栖居之地，让工作、生活、扎根在新城成为人们的优先选项。”① 具体包括如下模式：一是“生态+文化创意”成为推动上海旅游发展的新引擎。松江佘山自然风景区、辰山植物园等生态旅游度假区，青浦

① 《中共上海市委关于厚植城市精神彰显城市品格　全面提升上海城市软实力的意见》，https：//www. shanghai. gov. cn/nw12344/20210628/11c22a0c594145c9981b56107e89a733. html。

"水城融合"，有机农业发展的生态崇明建设都凸显了生态与绿色的内涵。上海作为长江入海口，其所拥有的崇明、浦东、金山、奉贤等良好生态腹地相较于中心城区更具有发展生态产业优势，在文化创意产业的指导下对上述地区开展建设与利用。二是利用文化创意产业提升"水城相融"生态环境质量。丰富的水系资源作为上海鲜明特色，使"人水相亲"的城市生态与文化创意产业结合具有得天独厚的优势。以黄浦江和苏州河水系为例，目前"两河"沿岸建立起了独特的生态廊道，虹口港、俞泾浦、沙泾港通过上海"音乐谷"实现了串联，从而以独特的滨水创意园区形态实现了区域竞争力提升；青浦的"产城一体、水城融合"模式则是利用水的特点，将其建设为"水乡文化"和"历史文化"内涵的生态宜居地；还有朱家角老镇"传统水乡"规划发展打造了水网、绿网和文化网相交融的宜居水都。三是文化创意产业一定程度上弥补了生态环境整治留下的问题。传统"铁锈地带"遗留下来的生态创伤通过文化创意产业的植入实现了良性的生态循环。苏州河沿岸的环境整治和文化创意产业目前逐步上升为文创产业的重要聚集地，如创意仓库、时尚园品牌会所、华联创意广场、苏州河 soho、文化创业聚集区相继建成，两岸的老厂房、浪草枯从传统工业文明的见证转换为现代创意产业园区的保护和利用，昔日的河流水质逐步恢复清澈。四是实现生态环境与生态环境的结合，并形成城市绿色产业。上海着重对生态环境进行文化创意产业开发，使文化创意旅游具有生态载体；同时也通过对城市中生态园林注入文化创意要素，促进了文创的绿色发展。例如淀山湖"梦上海"文化生态环境注入了海派文化街区、"上海人家"特色文化家园等，在开放式的绿色园区中形成绿色餐饮、文化传播、广告创意等文化创意的产业链。与此同时，还有松江区的“云间”小镇、“广富林遗址”以及“醉白池”等景区都是将绿色餐饮融入开放式生态园区，从而创造出适宜人居的生态环境。

四、上海经验：社会主义现代化大都市生态文明建设新样板

上海是中国最具国际性的大都市。但上海锚定的方向，绝不是要建成另一个纽约、伦敦，上海的城市发展必须体现出社会主义的本质特征和价值追求，成为“中国之治”的生动例证和时代样本。“以人民为中心”是马克思主义理论的价值追求，上海这座城市从改革开放的那一刻起，便不断生长和发展自身，并朝着政治、经济、文化、生态等各方面繁荣不断迈进，“十四五”时期上海人民城市建设更加需要关注高质量、内涵式和可持续，这从普遍维度上讲是中国全面建成社会主义现代化强国的必然要求，也是特殊维度上上海城市发展的必要条件。城市文明作为现代化推进中的自然而然的结果，不仅是现代化在空间中的表征，同时也是人类文明实现质的飞跃的重要依托，正如习近平总书记所强调的“我国建设社会主义现代化具有许多重要特征，其中之一就是我国现代化是人与自然和谐共生的现代化，注重同步推进物质文明建设和生态文明建设”。① 从国家层面而言，人民城市重要建设所取得的一系列成果反映了顶层战略的推动和支持，

① 《保持生态文明建设战略定力　努力建设人与自然和谐共生的现代化》，《人民日报》2021 年 5 月 2 日。

尤其是上海、北京、深圳、广州等超大城市的发展，充分展现了中国城市发展的风貌，是中华民族伟大复兴在空间维度的展开。上述通过回顾上海城市生态文明建设的实践，能够从中提炼出社会主义现代化城市建设的经验，这些经验所彰显的“中国之治”和“中国特色”使中国社会主义现代化城市建设走出了一条不同于西方国家的城市建设道路。

（一）坚持党作为人民城市生态文明建设主体力量的领导逻辑

中国特色社会主义最本质的特征是中国共产党领导，中国特色社会主义制度的最大优势是中国共产党领导。中国共产党作为国家的最高政治领导力量，是在中国革命、建设和改革发展的伟大历史征程中确立的，因此，需要“把党的领导落实到国家治理各领域各方面各环节”。[①] 可以说，没有中国共产党的坚强领导，新中国城市建设就不可能在百废待兴中恢复发展，在艰难曲折中砥砺前进，在停滞徘徊中奋起直追，在改革开放中绽放光彩，在新时代走向世界。坚持和加强中国共产党的领导是推进新时代城市建设不断发展，保持社会主义方向不断前行，确保现代化城市建设具有中国特色的根本保证。只有坚持和加强中国共产党领导，人民城市建设才能始终保持正确的方向不断前行。

中国共产党作为生态文明建设的领导力量，体现了中国社会主义

① 《中共中央关于坚持和完善中国特色社会主义制度　推进国家治理体系和治理能力现代化若干重大问题的决定》，人民出版社 2019 年版，第 6 页。

现代化城市建设的本质属性。回溯中国共产党在国家建设中主体地位的生成逻辑，我们可以看到：在鸦片战争的冲击下，中国传统政治体系的瓦解与新的政治体系的建构工作迫切需要“支撑性主体”来担当起救亡图存的时代任务，而“既然社会自身的结构不能孕育这样的支撑性主体，那唯一的路径就是通过人为的努力去组织和创造这样的力量”。[①] 1921 年中国共产党的成立不仅承担起上述历史性任务，而且由其领导和推动的一系列现代国家建设实践由此展开，其中城市生态文明建设或者城市生态治理也构成现代国家建设实践的重要一环。

确保党对人民城市生态文明建设的领导，应当做到如下几方面：一是党建引领。正确的政治方向使人民城市的治理得到引领。二是组织保障。中国共产党是人民城市治理的重要组织化行为体，并以市、区、街道和社区四级联动体系，将党的组织优势转化为人民城市的治理效能。三是资源整合。党组织以区域化党建机制与党建联建机制，将散落在城市其他行业、部门、单位中的资源整合起来，为人民城市治理提供资源保障。四是建构合力。党组织在人民城市治理过程中发挥统揽全局、协调各方的领导核心作用。

（二）以科技创新为城市经济发展提供生态可持续性的技术支撑

人民城市建设本质上作为一种社会意识，其所具有的反映人类社

① 林尚立：《当代中国政治基础与发展》，中国大百科全书出版社 2017 年版，第 107 页。

会发展规律的科学性和以人民为中心的价值性厚植于中国大地上展开的物质生产实践，可以说坚实的物质基础构成主体观念变化的前提条件。应当澄清的是，上述的条件只是必要而非充分条件，换言之，物质基础的丰裕并不必然带来主体观念的变化，但是主体若想实现包括观念在内的全面发展，满足物质需要具有基础性和首要性。尽管“物质基础”的概念本身具有价值中立色彩，指的是可以通过一定的数据指标来对一国经济社会发展水平进行测量，但“物质基础”的论述并未停留于单一的事实判断层面，而是将“物质基础”深层关联于“人民群众日益变化的需要”，质言之，在考察中国社会主义现代化城市物质基础增长的同时，也试图凸显人民群众变化了的需要对于未来经济发展模式的指导作用。这里主要从新时代之前城市物质基础的积累，以及新发展阶段城市对于经济模式发展的生态要求两个方面分别考察：一是新时代以前的物质积累孕育了人民城市理念成熟完善。“经过新中国成立以来特别是改革开放40多年的不懈奋斗，我们已经拥有开启新征程、实现新的更高目标的雄厚物质基础。”① 归根结底，任何意识不过是意识到了的社会存在本身，这种社会存在表现为一种扩大了的工业化及其与矗立其上的市场化、货币史以及交往史之间的持续互动。无论就经济发展本身抑或社会可持续程度而言，考量生态环境要素都已成为研判文明转型实践的根据，这也有助于理解前文将我国城市生态文明建设作为政党意识形态的“绿色化”体现。二是新发展阶段的历史方位对于人民城市的生态文明建设具有内在吁求。“新发展阶段明确了我国发展的历史方位……准备把握新发展阶

① 《深入学习坚决贯彻党的十九届五中全会精神　确保全面建设社会主义现代化国家开好局》，《人民日报》2021年1月12日。

段，深入贯彻新发展理念，加快构建新发展格局，推动‘十四五’时期高质量发展，确保全面建设社会主义现代化国家开好局、起好步”，[①] 作为新时代的发展阶段，一方面标志着过去经济增长所取得的巨大成果，另一方面对经济社会下一阶段的高质量发展提出新的要求：城市建设要从大量要素投入为基础的不可持续增长，转变为向全要素生产率倾斜的可持续增长模式。因而历史地来看，不仅要看到新时代以前经济社会的历史性成就为人民城市理念提供了丰厚物质基础，也要看到新发展阶段中经济增长模式的生态要求与人民城市建设的相互耦合。

（三）必须始终坚持“人民城市为人民”的发展理念

人民群众既是城市建设的落脚点和出发点，也是评判城市建设的根本标准和唯一标尺。新中国成立前夕，毛泽东在谈到城市建设要以恢复和发展城市生产为中心时指出，要努力地学会和管理生产工作，尽快恢复和发展城市生产并取得成效，如果不能“首先使工人生活有所改善，并使一般人民的生活有所改善，那我们就不能维持政权，我们就会站不住脚，我们就会要失败”；[②] 社会主义革命和建设时期，全国第二次工作会议的报告中指出，我们的城市，“是工人阶级领导的，面向农村的、城乡结合的社会主义城市。它是工人阶级领导农

---

① 《深入学习坚决贯彻党的十九届五中全会精神　确保全面建设社会主义现代化国家开好局》，《人民日报》2021 年 1 月 12 日。

② 《毛泽东选集》第 4 卷，人民出版社 1991 年版，第 1428 页。

民、巩固和发展工农联盟的重要阵地。”① 城市工作要能够满足人民的生产要求、生活要求和生态要求。

新时代，面对城市工作的新形势和人民群众的新期待，习近平总书记指出，做好城市工作，推进城市必须“坚持以人民为中心的发展思想，坚持人民城市为人民。这是我们做好城市工作的出发点和落脚点”。② 第一，城市发展聚焦于人民群众需求（of people）。人民首先是城市的主人，然后上升为国家的主人，要将全过程民主贯彻到城市建设和国家建设中来。城市的建立是为了使人民有更好的机会和可能实现生存与发展，社会主义革命和建设时期，为了将我国新民主主义革命性质的社会，改造为社会主义性质的社会，中国共产党通过“一化三改”从经济基础上奠定了人民城市的物质力量，当时城市承担更多的是生产任务和发展经济。第二，城市治理依靠人民，人民在城市治理中占有主人公地位（by people）。“人民”作为“有机集合体”，这样一种有机的集合性存在使其区别于动物群体，与此同时，人还要运用理性能力来管理公共事务和治理城市。解放初期，中国共产党就认识到“城市已经属于人民，一切应该以城市由人民自己负责管理的精神为出发点。”③ 当前随着 2020 年全面建成小康社会的实现，人民在物质层面的需求已经基本解决，更需要在民主层面彰显本质力量。要发挥人民的积极性，参与城市治理的各个环节，实现城市主体之间的协同共治。第三，城市发展为了人民（for people）。人民城市具有公平发展和持续繁荣的社会和经济属性，因此它不仅仅是西

① 《建国以来重要文献选编》第十七册，中央文献出版社 1997 年版，第 304 页。

② 《十八大以来重要文献选编》（下），中央文献出版社 2018 年版，第 78 页。

③ 《毛泽东选集》第 4 卷，人民出版社 1991 年版，第 1324 页。

方城市对于经济职能的强调和侧重，换言之，若城市发展由资本所牵引和主导，城市的治理也会依托资本，城市创造的一切财富都要为资本所分割和支配，这种结果必然导致对于人民主体地位的践踏，导致对于生态资源的恶性耗费，具有不可持续性。社会主义现代化建设城市是人民的城市，城市治理依靠人民，这就决定了城市发展的最终目的是为了人民，城市发展成果由人民共享。

（四）人民城市建设应当依托处于中国场域的社会主义制度框架才能彰显中国特色

制度的有效性代表城市现代化水平的高低，不同于传统社会中的“人治”，其对社会各方协调统筹体现出“工具理性”色彩，但另外，社会作为人与人结成相互关系的组织形式，内在要求制度同时具有“以人为本”的价值理性。资本主义制度保护个人私有产权，资本增殖意志只有掠夺自然才能实现目的，因而“以物为本”成为统摄城市发展“普照的光”。即使后来有类似“绿色经济”“可持续发展”等概念的提出也不过是资本主义城市内部的自我调整。相反，中国现代化进程和城市建设的社会主义取向则是历史和人民的选择，1956年社会主义制度的确立通过重新考量自然与经济之间的平衡点，旨在变革社会关系以此助推生产力发展，以上为中国的城市建设树立起了中国特色社会主义的“路标”，从而克服偏重经济而不重生态的传统现代化发展模式，为新时代实现人与自然和谐共生的现代化提供了可能。具体论之，还应当体现新时代以来城市建设中相关的生态文明制度、体系和政策。“生态文明制度是指在全社会制定或形成的一切有利于支持、推动和保障生态文明建设的各种引导性、规范性和约束性规定和准则的总和，其表现形式有正式制度（原则、法律、规章、条例等）和非正式制度（伦理、道德、习俗、惯例等）”,[①] 这里应对“制度化”与“制度”做出区分，前者更多关涉实践中资源配置和监管体制等具体政策实施，而后者从文明变革意义上强调生态文明作为“制度性结果”，是涉及城市发展全方位整体性变革的结果。党的十八大报告中“五位一体”战略布局的形成，意味着应依循生态文明理念来建立起包括经济、政治、文化以及社会层面的制度架构。从方法论而言，只有确立作为范导性或者规范化指引的社会主义生态文明根本制度，才能检验生态文明建设实践中的政治举措与行政监管是否符合社会主义制度的根本性质。纵向来看，社会主义生态文明制度架构体现了根本制度、基本制度、具体制度的“层次性”，包括生态文明城市、生态文明水准测评制度和经济社会发展绿色评价制度以及具体的水资源管理制度、节能减排制度等；横向来看，社会主义生态文明制度架构具有囊括各个领域的“综合性”，涉及生态自然管理体系、经济体制、社会体制以及个体的生活制度等。党的十九届四中全会强调坚持和完善生态文明制度体系，促进人与自然和谐共生，标志着生态文明制度体系的渐趋完善。综上所述，只有坚持中国共产党领导和社会主义制度保障的政治逻辑，人民城市理念下的生态文明建设才有从自为状态达至理论自觉状态的现实可能性。

① 夏光：《建立系统完整的生态文明制度体系——关于中国共产党十八届三中全会加强生态文明建设的思考》，《环境与可持续发展》2014 年第 2 期。

第 三 章

城市发展时时为人：统筹推进经济社会发展与生态环境高水平保护

立足新发展阶段，完整、准确、全面贯彻新发展理念，服务和融入构建新发展格局，在城市建设中自觉把生态环保工作融入经济社会发展大局，是城市发展时时为人的具体体现。

一、让生态经济发展的成效体现在人民生活质量的提高上

人民的生活质量与城市生态环境发展密切相关，人民的满意度是检验生态与经济发展成效的重要尺度。

（一）生态环境保护为经济发展腾挪出更大的发展空间和环境容量

“十三五”时期，上海市实施化学需氧量、氨氮、二氧化硫和氮氧化物 4 项主要污染物总量减排：一方面，通过工程减排措施削减污

染物排放量，为新上项目腾出环境容量；另一方面，通过淘汰落后产能（结构减排），从源头减少污染物产生量，促进产业结构优化，正向推动经济增长。

在全市人口、经济、能源消费总量保持增长的同时，主要污染物排放总量持续下降，生态环境质量持续改善。2020 年，经初步核定，全市化学需氧量、氨氮、二氧化硫和氮氧化物 4 项主要污染物排放量分别较 2015 年下降 68.1%、38.1%、46.6%和 28.2%，均超额完成国家下达的减排目标。细颗粒物（$PM_{2.5}$）年均浓度为 32 微克/立方米，较 2015 年下降 36%；环境空气质量优良率（AQI）为 87.2%，较 2015 年上升 11.6 个百分点。全市 259 条主要河流断面水环境功能区达标率为 95%，较 2015 年上升 71.4 个百分点；优Ⅲ类水质断面占比达 74.1%，较 2015 年上升 59.4 个百分点。森林覆盖率达到 18.49%，人均公园绿地面积达到 8.5 平方米。人民群众的满意度、获得感和安全感明显提升。据第三方调查，2020 年公众对生态环境的满意度为 78.1 分，较 2015 年提高 11.6 分。①

（二）生态环境保护成为高质量发展的新动能

2020 年 6 月 30 日，上海市生态环境局印发《关于在常态化疫情防控中进一步创新生态环保举措　更大力度支持经济高质量发展的若干措施》，提出了 27 条支持稳就业促发展的工作举措。环保产业方面，《若干措施》要求规范政府投资项目社会资本市场准入条件，平

① 参见《2015 上海市生态环境状况公报》《2020 上海市生态环境状况公报》。

等对待各类企业主体，破除民营企业、中小企业市场准入壁垒；通过加大政策支持和服务力度，鼓励科技创新和技术发展，搭建环保科技创新平台，拓宽环保企业融资和技术创新与转化渠道；通过鼓励发展第三方治理模式并推进试点示范，提升企业专业治理能力；通过大力发展智慧监测技术装备，推进人工智能、5G、物联网等新技术在环境监测监控中的应用，支持环保产业壮大发展。① 绿色交通方面，制定《上海市推进运输结构调整实施方案（2018—2020年）》，提出了提升铁路运输能力，完善水路运输系统，优化道路货运市场环境，推进多式联运发展，推动城市绿色配送，加强信息资源整合等重点任务，努力推进运输结构调整，打造绿色交通运输体系。② 绿色建筑方面，市住建委印发《上海市绿色建筑“十四五”规划》提出，通过设计、施工与运行的全过程管理，结合新建建筑、既有建筑的推进，以设计用能限额体系建设、超低能耗建筑推广为重要抓手，实现以降低实际能耗为导向的时效节能。③

（三）切实让人民从生态环境保护中受益

作为特大型城市，上海生态产品供需不平衡的问题较为突出，探索生态产品价值实现的路径，将良好的生态环境转化为经济效益，能够调和经济发展和环境保护之间的矛盾，进而增加生态产品的供给，缓

① 参见《关于在常态化疫情防控中进一步创新生态环保举措更大力度支持经济高质量发展的若干措施》（沪环综〔2020〕127号）。

② 参见《上海市推进运输结构调整实施方案（2018—2020年）》（沪府办发〔2019〕11号）。

③ 参见《上海市绿色建筑“十四五”规划》（沪建建材〔2021〕694号）。

解供需失衡的问题。上海市在“十三五”期间努力提供更多优质生态产品，让人民群众在绿色发展中拥有更多的获得感、幸福感和安全感。

1. 低效建设用地减量化拓展城市生态空间

上海经过城市快速扩张和人口激增的高速城镇化后，城市生态产品供给缺口日渐增大，城市生态空间严重不足。在有限的国土空间下，上海市尝试通过低效建设用地减量化增加城市的生态空间。一是通过资源效率评估，认定低效建设用地，通过政策组合推动产业转型，提升经济效率。二是将低效建设用地复垦为农用地和生态用地，在减轻生态系统压力的同时，也增加了生态空间和生态服务供给。三是以异地置换与郊野公园建设为补充，既为部分高效企业提供后续发展出路，也实现了重塑区域生态系统、提升城市生态系统服务能力的长远生态利益。

2. 绿地建设提升城市能级和生态服务价值

城市绿地和公园能够改善社区的生态人居环境，进而带来邻近土地增值、城市能级提升和业态的升级，实现生态产品价值的转化。上海将城市绿地建设与城市更新相结合，多措并举构建完善城市的公园绿地系统，提升城市能级和生态服务价值。一是构建完善全市公园绿地体系，以生态环境改善推动城市能级提升和业态升级。二是推动公园绿地的差异化改造和精细化管理，提升生态产品的可得性和服务价值。三是以生态廊道建设为着力点，保护和恢复城市森林资源，增强城市生态产品供给能力。

3. 经营模式创新推动郊野公园生态产品增值

郊野公园是城市提升生态产品服务功能、拓展城市生态空间的重要载体，上海市在《上海市基本生态网络规划》中将郊野公园定位为“生态锚固区”和“郊野生态空间”，承担生态保育、现代都市农业和休闲娱乐等多重任务。上海通过引入多元主体等创新举措，协调政府、农民、游客等多方关系，促进郊野公园的生态系统良性循环。一是创新多元主体经营管理模式，统筹协调生态保育、休憩旅游和现代农业发展等多重功能。二是丰富郊野公园的营建主体，引导市民参与公园建设，在拓宽郊野公园建设资金渠道的同时，也提升了全民生态文明意识。三是土地整治与生态修复相结合，协同推进郊野公园建设和乡村振兴，同步强化生态服务产品和物质产品的供给。

4. 矿山生态修复带动生态旅游和多元化经营

上海是最早探索以矿山生态修复带动生态产品价值提升的地区之一，目前已经建成运营的辰山植物园矿坑花园和佘山世茂深坑酒店，分别代表了矿山生态修复的两种生态产品价值转化模式。一是矿山生态修复后转化为科教旅游基地的矿坑花园模式，将修复后的生态公园用于生物多样性保护、科研宣教和游览休憩，充分发挥其生态服务价值。二是矿山生态修复后转化为自然生态酒店的深坑酒店模式，将矿山生态修复与自然生态酒店建设相结合，以产业化、多元化开发经营推动生态产品价值实现。

（四）为促进经济发展创新环境政策工具的制度供给，拉动绿色新型基础设施建设

1. 提供融资担保和政策服务，支持企业绿色发展

2019 年 10 月 30 日，上海市经济信息化委员会、国开行上海市分行共同制定了《关于本市支持工业节能与绿色发展融资服务的实施意见》，重点支持工业效能提升、清洁生产改造、资源综合利用、绿

色制造体系建设、节能环保产业创新发展领域的工艺技术升级改造、节能环保技术应用及产业化项目的固定资产投资及工程服务。提供融资担保和政策服务，建立“上海产业绿贷”专项融资服务通道，五年内对相关领域有资金需求的企业或项目累计授信200亿元人民币。①

2. 加大金融差异化支持，引导绿色新基建发展

2020年8月26日，上海市经信委印发《上海市产业绿贷支持绿色新基建（数据中心）发展指导意见》，提出以产业绿贷为抓手，引导新基建项目在建设过程中采用先进节能技术产品。利用经济杠杆，引导新建项目加大先进节能技术的应用。产业投资促进服务平台将结合“上海产业绿贷”，探索建立对于采用不同先进节能技术的数据中心项目实行差异化利率的服务体系，因地制宜，分档制定菜单化的金融产品，根据新建数据中心项目应用技术情况，在申请绿色信贷时，给予一定的贷款利率下浮，鼓励采取多种组合模式，享受优惠叠加。②

二、让生态社会发展的成果体现在人民安居乐业的状态上

（一）打赢污染防治攻坚战增进人民群众民生福祉

上海作为长三角地区的龙头城市，坚持以绿色发展为引领，

① 参见《关于本市支持工业节能与绿色发展融资服务的实施意见》（沪经信节〔2019〕848号）。

② 参见《上海市产业绿贷支持绿色新基建（数据中心）发展指导意见》（沪经信节〔2020〕652号）。

凝心聚力，为打赢污染防治攻坚战做出了大量的探索实践工作：一是推动构建长三角区域污染防治协作机制；二是持续开展三大保卫战。

2008年长三角区域合作机制成立，环保就列入合作专题，三省一市（江苏省、浙江省、安徽省、上海市）共同推进大气污染联防联控、流域水污染综合治理、跨界污染应急处置、区域危废环境管理等重点合作。2013年底以来，按照中央决策部署，先后成立长三角区域大气污染防治协作小组和水污染防治协作小组，由上海市委书记担任组长。上海承担协作小组办公室职责，主动对接，牵头谋划年度协作重点，协调三省一市和国家部委集中解决难点问题，同时在联合科研、环境监测等方面提供支持服务。重点对车船流动源协同治理、区域空气质量预测预报和应急联动等共同关注的问题推进了一批联防联控重点措施，开创了区域污染联防共治的新局面。2018年以来，随着长三角合作办公室的成立和区域合作的深入推进，区域生态环境协同保护又进入了新阶段，体现在四个方面：一是协作机制更完善。修订了大气、水协作小组工作章程，发挥上海的龙头带动作用，完善了会议协商、分工负责、联合执法和协调督促等工作机制。二是协作谋划更有力。根据污染防治攻坚战新要求，出台了到2020年的区域空气质量改善方案和水协作实施方案以及阶段性重点工作清单，三省一市分别牵头落实、滚动实施。三是协作行动更有效。2018年，长三角区域分阶段提前实施了船舶排放控制区措施，提前落实了国六油品升级，制定方案深化了重污染天气区域应急联动，联合制定实施了首个区域秋冬季大气污染综合治理攻坚行动方案，印发实施了太浦河水质预警联动方案。四是协作基础更坚实。三省一市积极谋划创新，首创了跨省水源地和大气执法互督互学的联合执法新模式，建成区域空气质量预测预报中心和城市大气复合污染成因与防治重点实验室，组建了长三角区域生态环境协作专家委员会，启动了生态环境联合研究中心建设，签订了区域环境保护标准协调统一工作备忘录。从强化环保执法、联合监测预测、加强科学研究、推进标准统一等方面，给区域生态环境协作合作打下了坚实基础。①

上海污染防治攻坚战按“1+1+3+X”体系科学谋划，系统部署。其中，第一个“1”是指制定1个总纲，即印发《中共上海市委　上海市人民政府关于全面加强生态环境保护坚决打好污染防治攻坚战建设美丽上海的实施意见》；第二个“1”是推进1个综合性环保计划，即滚动实施环保三年行动；“3”是指继续推进大气、水、土壤三个污染防治专项计划；“X”是指对应中央污染防治攻坚要求，结合上海实际，对三年内必须取得明显进展、环境改善贡献较大的具体任务予以重点突破，目前共安排“优‘化’”行动、“减煤”行动、“减硝”行动、“治柴”行动、“绿通”行动、“消重”行动、“净水”行动、“清水”行动、“清废”行动、“增绿”行动、“绿农”行动共11个专项行动。上海污染防治攻坚战以“三大保卫战”为着力点，通过整体推进与重点突破相结合、源头防控与末端治理相结合、依法严管与政策引导相结合，持续攻坚，精准发力，全面打赢打好蓝天、碧水和净土三大保卫战，增进人民群众民生福祉。“十三五”期间，上海已完成污染防治攻坚战重点任务。大气方面，在2017年底全面取消分散燃煤基础上，全面完成中小燃气（油）锅炉的提标改造；全

① 罗锦程、张藜藜：《凝心聚力打赢污染防治攻坚战　谱写上海绿色发展新篇章》，《环境保护》2019年第6期。

面实现燃煤电厂超低排放改造任务；累计推广新能源汽车42.4万辆，总规模继续处于全球城市前列；扩大国Ⅲ柴油车限行范围，累计提前淘汰6.7万余辆；实现车用柴油、普通柴油、部分船舶用油“三油并轨”，上海港率先实施船舶低排放控制措施。水方面，全面完成水源保护区排污口调整；启动苏州河环境综合整治四期工程；落实“河（湖）长制”，实施“一河一策”，全市3158条段河道于2018年底全面消除黑臭，4.73万个河湖2020年底基本消除劣Ⅴ类。土壤方面，完成农用地土壤详查和类别划定工作，发布《上海市建设用地土壤污染风险管控和修复名录》，完成南大、桃浦等重点区域土壤修复试点。①

（二）保障良好生态环境公共产品的有效供给

《上海市生态空间专项规划（2018—2035）》作为落实《上海市城市总体规划（2017—2035年）》的重要专项规划，是上海建设生态之城的重要支撑，也是上海生态空间保护和建设的重要依据。规划提出：

1. 构建差别化空间布局

构建“双环、九廊、十区”，多层次、成网络、功能复合的生态格局。以公园体系满足市民群众对美好生活环境的向往，完善由国家公园、郊野公园（区域公园）、城市公园、地区公园、社区公园、微型（口袋）公园为主体的多层次公园体系。主城区注重存量挖潜，

① 参见《2016—2020上海生态环境状况公报》。

提高精细化管理水平。新城提高标准能级，打造生态文化标杆地区；新市镇打造特色项目，注重规划实施；乡村地区保护生态基底，凸显乡野特色。

2. 加强政策实施保障

法律层面，健全相关领域法规和标准，加强生态空间保护力度，围绕城市生态建设，加强统筹依法行政，完善相关法律法规；行政层面，结合国民经济和社会发展总体目标，健全管理体制，完善国民经济考核体系，将生态空间规划实施情况纳入生态文明考核、绿色发展目标指标考核体系，完善生态保护、建设、管理的相关政策，确保生态空间建设实施，逐步完善生态补偿制度和相关激励政策，适当扩大生态补偿范围，加大生态补偿力度；管理方面，完善自然资源基础调查与登记机制。建立健全自然资源资产负债表编制制度。推动生态环境保护，最大限度守住资源环境生态红线，坚持生态优先的“一张蓝图干到底”。创新推动生态空间用地保障机制，增强生态空间的复合利用，发挥生态效益最大化。

3. 构建多元参与格局

完善多方统筹实施机制。成立协调机构、加强多方统筹，形成“多部门联动、多功能布局、多途径联通”的机制。如建立各类基础生态空间保护和建设的联动机制，形成政策合力。搭建多方参与平台。建立多方共治模式，发挥政府、专家、企业、社团组织、市民等多方力量，鼓励市场资金投入，全过程参与生态空间的规划、建设、运营维护和管理。加强宣传普及。建立常态化的规划宣传和交流机制，在全市幼儿园、中小学、大学开展规划通识教育，借助自然博物馆、科技馆等机构，积极开展自然科普、动植物观察等多样的宣传活动，促进各年龄段人群了解规划、参与规划、支持规划，提高全社会执行规划、实施规划的责任意识。①

（三）把解决突出生态环境问题作为民生优先领域

从人民城市建设的高度，充分认识生态环境保护和建设对上海城市发展的重大意义，通过狠抓督察整改推动生态环保领域突出问题解决。

1. 全面加强水污染防治

以保好水、治污水为重点，聚全市之力，加快落实《上海市水污染防治行动计划实施方案》，打好城乡中小河道综合整治攻坚战。全面建立市、区、街镇三级河长体系。加快推进水环境基础设施建设。按照“泥—水—气同治”原则，石洞口和郊区城镇污水处理厂达到一级A或以上排放标准，白龙港和竹园第一、第二污水处理厂提标改造项目加快建设；中心城区14座市政雨水泵站中12座完成截污改造，2座功能性停用；28个中心城区排水系统改造工程全面启动，已完成9个。大力落实治污行动。查处涉重金属排放企业超标排放等70余户次，关停了一批小散乱差企业，污水处理厂出水重金属稳定达标，污泥得到安全妥善处置。按照全覆盖、水岸联治的要求，实施“一河一策”，全面完成城乡中小河道综合整治（含住房和城乡建设部确定的建成区黑臭河道整治）1864条段1756公里，实现了年内全市中小河道基本消除黑臭的目标。

---

① 参见《上海市生态空间专项规划（2021—2035）》（沪府〔2021〕33号）。

2. 持续推进大气污染防治

聚焦重点领域，科学施策，深入推进 $PM_{2.5}$ 与臭氧大气污染协同治理。能源领域，全面完成公用燃煤电厂超低排放改造，集中供热燃煤锅炉清洁能源替代加快落实。产业领域，全面推进重点行业和企业的挥发性有机物（VOCs）综合治理，完成工业挥发性有机物治理508家。建设领域，出台《上海市扬尘在线监测数据执法应用规定（试行）》，加强扬尘污染精细化管理。交通领域，淘汰老旧车1.65万辆，推广内河船舶LNG应用84艘、港区LNG内集卡900辆，累计建成高压岸电设施6套。生活领域，完成汽车维修行业整治4829家，大中型餐饮行业高效油烟净化装置更换或达标认定7300余家。此外，加快谋划长远，制订《上海市清洁空气行动计划（2018—2020年）》。

3. 强化垃圾综合治理

按照源头减量、全程分类、末端提高无害化处置和资源化利用能力的原则，以生活垃圾、建筑垃圾为重点，加快落实《关于进一步加强本市垃圾综合治理的实施方案》，规范提升各类垃圾的收运、利用和处置能力。深入推进生活垃圾分类减量，绿色账户新增覆盖200万户。开展单位生活垃圾强制分类联合执法和宣传。加快建设改造垃圾处置设施，建成嘉定生活垃圾再生能源利用中心，加快建设老港再生能源二期项目工程。完成安亭、崇明填埋场渗滤液处理整改，加快建设老港综合填埋场渗滤液厂升级改造项目和老港四期渗滤液厂扩能升级改造项目。完成闵行、宝山顾村2个简易垃圾堆场的环境修复。规范建筑垃圾处理，印发《关于加快推进本市建筑垃圾处置工作的实施方案》《关于进一步规范本市拆房（拆违）垃圾和装修垃圾收运处置工作的通知》，试点开展装修、拆房垃圾就地分拣，落实非正规垃圾堆放点和拆房（拆违）垃圾清运工作的检查，对督察发现的6处违规倾倒点实施了环境治理和修复。启用浦东机场3号库区、南汇东滩N1库区等建筑垃圾处置设施，市重大工程渣土消纳得到保障。

4. 加强土壤环境保护

全面实施《上海市土壤污染防治行动计划实施方案》，重点强化基础能力建设。出台《关于加强污染地块环境保护监督管理的通知》，规范污染地块土壤环境调查、风险评估、治理修复、效果评估等活动。完善土壤污染状况详查实施方案，开展土壤环境质量监测国控点例行监测。初步完成全市潜在污染场地筛查，有序推进桃浦等重点区域土壤修复治理试点。

5. 加强生态建设和保护

基于构建城市生态安全格局目标，逐步优化“水、林、田、滩”复合生态空间格局。着力增加绿色生态空间，加快实施生态廊道、农田林网、郊野公园、楔形绿地、城市绿道和立体绿网等建设。2017年以来，新建绿地1200公顷，完成新造林6.5万亩、绿道213公里、立体绿化建设40万平方米，6个郊野公园建成开园，基本完成外环生态专项，全市森林覆盖率达到16.2%。推进崇明世界级生态岛建设，坚持“生态立岛”的原则，出台“十三五”专项规划和《关于促进和保障崇明世界级生态岛建设的决定》，坚决不搞大开发，不建高楼，严控产业，适度留白，努力树立长江经济带共抓大保护和“三生”协调发展的新标杆。

6. 深化重点区域环境综合整治

2015年，上海聚焦违法用地、违法建筑、违法经营、违法排污、违法居住等问题集中的重点区域，结合城乡中小河道综合整治、环保违法违规建设项目清理整顿等，拉开“五违四必”区域环境综合整治大幕。2015—2017三年完成三轮50个市级重点地块的环境综合整治，共消除违法用地21045亩，拆除违法建筑2225万平方米，整治污染源3395处，关闭无证及淘汰企业9922家，并带动666个区级地块和一大批街镇级地块加快整治，实现了“五违”问题集中成片区域基本消除的总体目标，区域环境面貌焕然一新。①

三、让生态文化发展的成绩体现在人民精神生活的丰富上

厚植生态文化拓展人民城市的精神内涵。生态文化是城市文化的重要内容。建设人民城市的生态文化，要紧密结合超大城市社会生态伦理、生态道德和生态审美的特点，共同推进节能环保、低碳循环、清洁高效的生产方式，共同践行绿色消费、绿色出行、绿色居住的生活方式，倡导垃圾分类新时尚，引领生态文化新风尚，营造人人关心、重视和参与生态环保的良好文化氛围和社会基础。

（一）把低碳绿色和生态友好的理念贯穿于城市建设中

1. 将绿色低碳和公众参与写入城市更新条例

2021年8月25日，上海人大表决通过《上海市城市更新条例》

① 参见《2015—2017上海市生态环境状况公报》。

（以下简称《条例》），这是继 2021 年 3 月 1 日全国首个城市更新地方立法《深圳经济特区城市更新条例》正式实施后我国第二部有关城市更新的地方立法，也是进入“十四五”时期上海市首个关于城市更新的人大立法文件。较之 2015 年发布的《上海市城市更新实施办法》以及全国各地颁布的有关城市更新的相关制度及办法，此次立法的格局更大、设定的目标更高、触及的范围更广、创新的做法更多、保障的措施更强。不但符合我国新时代对城市更新的高质量要求，也积极响应了“十四五”规划及国家的绿色双碳目标，符合住建部《实施城市更新行动（2020 年）》提出的城市更新总体目标“建设宜居城市、绿色城市、韧性城市、智慧城市、人文城市，不断提升城市人居环境质量、人民生活质量、城市竞争力，走出一条中国特色城市发展道路”。

此次《条例》首先将“提升整体居住品质，改善城市人居环境”定位为城市更新活动内容之一；其次把“数字赋能、绿色低碳，民生优先、共建共享”作为城市更新的基本原则之一。将创新、协调、绿色、开放、共享的新发展理念贯穿实施城市更新行动的全过程和各方面，推动城市实现更高质量、更有效率、更可持续、更为安全的发展。在更新指引的编制原则中，明确提出“持续改善城市人居环境，构建多元融合的‘十五分钟社区生活圈’，不断满足人民群众日益增长的美好生活需要。在开展城市更新活动中，应当优先对市政基础设施、公共服务设施等进行提升和改造，推进综合管廊、综合干箱、公共充电桩、物流快递等新型集约化基础设施建设”。将改善民生，追求城市活力，满足人民幸福感的宗旨贯穿立法的全过程。

《条例》第九条首先明确：“本市建立健全城市更新公众参与机

制，依法保障公众在城市更新活动中的知情权、参与权、表达权和监督权”。《条例》还规定，物业权利人以及其他单位、个人都可以向区政府提出更新建议，作为确定更新区域的重要参考。同时还规定，政府部门、区政府在编制更新行动计划的过程中，应当通过座谈会、论证会或者其他方式，广泛听取相关单位和个人的意见。同时畅通了更多的公众参与渠道，如设立城市更新专家委员会；建立全市统一的城市更新信息系统，要求城市更新指引、更新行动计划、更新方案以及城市更新有关技术标准、政策措施等，应当同步通过城市更新信息系统向社会公布；编制城市更新指引过程中，应当听取专家委员会和社会公众的意见；物业权利人以及其他单位和个人可以向区人民政府提出更新建议；人民政府指定的部门或者机构、区人民政府（以下统称编制部门）在编制更新行动计划的过程中，应当通过座谈会、论证会或者其他方式，广泛听取相关单位和个人的意见。①

2. 新城规划全面构建“点—线—面”相结合的绿色低碳体系

2021 年 3 月，上海市公布《关于本市“十四五”加快推进新城规划建设工作的实施意见》。根据实施意见，上海新城规划和建设将贯穿低碳绿色和生态环保理念，把生态、绿色、可持续发展的理念，贯穿城市环境品质和基础设施规划建设管理的各个阶段、各个环节。突出生态惠民、宜居安居、低碳绿色、智慧治理、韧性城市 5 个重点方面，形成具体的行动方案。

在生态惠民方面，强化以水为脉、以绿为体的生态体系建设。新城所在的区域多为河湖纵横交错的江南水乡，要更好打造水绿生态本

---

① 参见《上海市城市更新条例》。

底，一方面要形成蓝绿交织的生态大格局，另一方面将借鉴“一江一河”滨水公共空间开发建设的经验，打造令人向往、有温度、有活力、有文化底蕴的滨水生态空间，在提升新城碳汇能力的同时，更好地实现生态惠民。

在宜居安居方面，强化产城融合、职住平衡，租购并举、配套完善的发展方向，优化新城住宅空间布局，鼓励产业、商业、交通枢纽等用地与居住用地功能混合，营造绿色出行、低碳生活的氛围，推动居住与就业空间协调发展，打造职住平衡的新城典范。

在低碳绿色方面，强化绿色建造和低碳的运营。将从建筑、市政到区域供能等，全面构建“点—线—面”相结合的新城绿色低碳体系。点上，新城新建建筑将100%实施绿色建筑标准，满足人民对居住建筑的舒适性、健康性不断提高的要求。线上，要积极推广新城天然气分布式供能模式，推进可再生能源规模化的利用，建设绿色新能源交通设施等，推进城区的架空线入地、综合管廊等建设。面上，要求新城各个新建城区100%执行绿色生态城区标准，围绕15分钟生活圈打造各具特色的绿色生态城区样板。

在智慧治理方面，将以数字化转型为契机，全面推进新型基础设施建设，加快5G、宽带网络等通信基础设施、数据中心建设，系统推进基础设施智能化；拓展智慧应用场景，构建城市信息模型平台，依托“一网统管”平台，深化大数据运用，支撑新城的治理精细化智能化，全面推动新城数字化转型发展。

在韧性城市方面，将贯彻城市安全和可持续发展理念，实现从被动抢险到主动预防的城市风险管理模式，构建全面系统防御体系，提升新城应对洪涝、地震、风灾等极端自然气候影响方面的能力，提升消防、民防、公共卫生风险防范能力；重点落实海绵城市、无废城市理念，不断提升新城雨水就地渗蓄，筑牢城市运行安全底线，打造韧性新城典范。①

（二）着力培育和践行市民生态文明素养

生态文明建设是一项社会性工作，需要全社会的理解和支持。近年来，上海生态文明宣传教育工作取得了卓越成效。

一方面，为切实提高公众关注度和保护意识，上海通过电视电台、报纸期刊、微博微信等各类媒体积极宣传相关知识，坚持开展“湿地日”“爱鸟周”“六五环境日”“国际生物多样性日”“上海国际自然保护周”“野生动植物保护日”“地球一小时”和“市民观鸟大赛”等宣传活动，培育生物多样性保护志愿者队伍。同时，积极创新宣传模式，国内首创并在全市范围推行“自然笔记”活动，举办“发现上海野趣”展览会活动，开设“自然教育工作坊”，引导广大市民增强生态文明意识，为本市生物多样性保护工作营造了良好的舆论环境。

另一方面，积极开展青少年生态文明教育工作。第一，建设“青未来”联盟。“青未来”联盟（暨上海学校示范性节能环保社团联盟）建设是上海市教育委员会“十三五”生态文明教育工程中的一项重点工作。为深入贯彻中共中央、国务院《关于加快推进生态文明建设的意见》和上海市委、市政府《关于加快推进上海市生态

① 参见《关于本市“十四五”加快推进新城规划建设工作的实施意见》（沪府规〔2021〕2号）。

文明建设实施方案》有关要求，《上海市学校节能环保“十三五”规划》中明确将“生态文明教育工程”作为“十三五”期间的重点工作，在2016—2020年通过“青未来”联盟建设，支持100个左右涵盖各级各类学校的青少年生态文明实践学生公益组织或课外志愿者团队，使其成为学生开展生态文明实践与创新活动的重要平台和加强青少年生态文明教育的重要阵地。[①] 第二，市教委、市经信委等十四个部门联合举办“上海市学生生态环保节”，在全市各级各类学校集中组织开展节能环保和生态保护知识宣传教育和实践活动。[②] 同时为统筹组织好本市各级各类学校积极参与国家和上海市各条线生态环保主题宣传活动，上海市教委将会同有关部门共同推动“上海市生态文明教育校园行系列活动”，结合国家植树节、节能宣传周、节水宣传周、全国低碳日、世界地球日、世界环境日、世界气象日、世界森林日、世界水日、世界海洋日、世界粮食日等主题宣传节点，选取50所学校作为试点，根据各学校办学特色，开展丰富多彩的校园主题宣传示范活动，以点带面，进一步推动全市校园生态文明建设。第三，市教委和团市委牵头成立上海市青少年生态文明志愿服务总队。该志愿服务总队是以在校大学生为主体，辐射中小学生和其他青年群体，致力于生态文明宣传、践行绿色生活理念、助力美丽上海建设的青少年志愿团队，教育引导青少年把投身生态文明建设与实现个人价值相结合，把服务生态文明建设与青少年成长体系和生涯规划相统一，让

---

① 陈之腾：《“青未来”联盟寻找环保合伙人》，《上海教育》2017年第18期。

② 上海市监察中心：《弘扬节俭精神传播生态理念　首届上海市学生生态环保节〈上海市绿色护照（2019版）〉发布》，《上海节能》2019年第6期。

青少年在志愿服务活动中实现自身发展。[①] 第四，市教委等10部门组织开展2021年上海市青少年生态文明教育实践系列活动，推动青少年生态文明教育发展，发挥大中小学生参与保护生态环境的主观能动性。结合2021年六五环境日主题“人与自然和谐共生”，市教委等10部门围绕“生物多样性”“碳达峰”“碳中和”“减塑限塑”“爱粮节粮”“节约用水”“垃圾分类”“义务植树40周年”等生态环境热点开展2021年度本市青少年生态文明教育实践系列活动。引导青少年积极参与生态文明建设，提高环境保护、节约能源、资源循环利用的意识，在学生中营造浓厚的生态文明建设氛围，为推进绿色学校建设、共建美丽城市贡献力量。[②]

（三）践行绿色生活方式，切实增强公众参与度和获得感

2019年7月1日，上海正式实施垃圾分类处理，引导人民形成绿色生活方式。结合绿色账户激励机制，推行“定时定点”投放，督促居民正确开展垃圾分类；开放面向公众的监督举报平台，鼓励居民参与对分类管理责任人分类驳运、存储的监督，形成市民与分类投放管理责任人双向监督的机制。2021年9月29日，上海市人民政府印发《上海市关于加快建立健全绿色低碳循环发展经济体系的实施方案》，提出健全绿色低碳循环发展的消费体系。

---

① 王川：《上海市青少年生态文明志愿服务总队成立》，《上海法制报》2019年8月5日。

② 参见《上海市教育委员会等10部门关于开展2021年上海市青少年生态文明教育实践系列活动的通知》（沪教委后〔2021〕7号）。

第一，促进绿色产品消费。政府投资的基础设施、公共民生设施项目要优先采购利用绿色技术及产品，将绿色采购制度逐步扩展至国有企事业单位。积极引导企业和居民采购绿色产品，试点餐饮行业绿色账户积分激励机制。支持有条件的商场、超市、旅游商品专卖店等流通企业在显著位置开设绿色产品销售专区。第二，倡导绿色低碳生活方式。引导市民全面深入践行绿色消费理念和绿色生活方式。坚决遏制餐饮浪费行为，大力推行适度点餐取餐，全面推行“光盘行动”。深入推进绿色家庭、绿色社区、绿色商场、绿色出行和绿色建筑等创建行动。构建生活垃圾分类长效机制，鼓励有条件的场所细化可回收物分类。依托“15分钟生活圈”建设，打造品质宜人的慢行空间，提升交通系统智能化水平。①

四、典型案例

（一）产城融合：闵行区国家产城融合示范区

2016年，闵行区获批成为国家级产城融合示范区，此时，闵行区共有产业园区11个，主要用地分布在“104区块”，其中国家级园区3个（闵行经济技术开发区、紫竹高新技术产业开发区和临港浦江国际科技城），市级园区1个（莘庄工业区），特色产业基地3个（闵行老工业基地、吴泾工业基地和航天产业基地），镇级产业园区4

① 参见《上海市关于加快建立健全绿色低碳循环发展经济体系的实施方案》（沪府发〔2021〕23号）。

个（马桥产业园区、闵北工业园区、闵东工业区和欣梅工业园区）。

闵行产城融合示范区聚焦产业转型、城乡一体、职住平衡、生态宜居四个关键领域，构建建设指标体系（见表 3-1），突出重点地反映闵行建设国家产城融合示范区和生态宜居现代化主城区的成效。“十三五”时期，闵行坚持规划引领高质量发展，强化多规融合。规划编制中始终坚持以职住平衡为导向，科学配置住宅、产业、交通、生态和公共设施，合理设定了各类用地的比例和人均指标，通过存量更新、结构优化、集约用地等手段，着力补齐城市基础设施和基本服务的短板。

表 3-1　闵行产城示范区建设主要指标

类别	序号	主　要　指　标	2020 年目标
产业转型	1	战略性新兴产业产值占规模以上工业总产值比重（%）	40 左右
	2	全社会研发经费支出占全区生产总值比例（%）	6.5 左右
	3	园区单位土地面积产出效益（亿元/平方公里）	12
城乡一体	4	“城中村”改造数（个）	5 年累计 63
	5	城乡义务教育五项标准统一	基本实现
	6	千人口全科医生数（人）	0.4
职住平衡	7	路网密度（公里/平方公里）	3.6
	8	公共交通站点 500 米覆盖率（%）	90
	9	新增住宅公共租赁房（政府持有）的比例（%）	2
生态宜居	10	重要水功能区水质达标率（%）	78
	11	环境空气（AQI）优良率（%）	75
	12	人均公园绿地面积（平方米）	10 以上
	13	400 平方米以上的绿地、广场等公共开放空间 5 分钟步行可达覆盖率（%）	100

产业转型方面，闵行区大力推动科技成果转移，实现高质量发

展。上海闵行不仅是上海市唯一的国家产城融合示范区，还是唯一的国家科技成果转移转化示范区，区域内拥有丰富的科创资源，以及紫竹高新技术产业开发区、闵行经济技术开发区、临港浦江国际科技城3个国家级园区和1个市级莘庄工业区。闵行区集中力量打造上海南部科创中心核心区，搭建了一批功能性平台，为各类科创企业的创新研发、成果转化、专业服务等提供专业服务，有效提升和释放科技创新对产业升级的牵引和赋能作用。闵行已形成了以高端装备、人工智能、新一代信息技术、生物医药为引领的先进制造业。其中，人工智能产业加速布局和集聚，达闼科技、迪信通科技、壁仞科技、天数智芯、艾为等一批优质项目落地闵行；生物医药产业逆势增长，2020年上半年，60家规模以上生物医药工业企业工业总产值达109.58亿元，同比增长2.5%，信达生物、云南白药、威高和康宁杰瑞等一批重大项目落地发展。到2019年底，全区生产总值达到2520亿元，战略性新兴产业产值占规模以上工业总产值比重达到41.9%，功能性外资机构数达68家，每万人口发明专利拥有量76.1件，均位于全市前列。

此外，通过腾笼换鸟和产业结构调整，闵行还为科技创新成果的转移转化提供了充分的空间和载体。区域内拥有各类高新产业区块近20个，其中，紫竹高新技术产业开发区是全国唯一以民营运营为主体的国家级高新区，在全国169家国家高新区中综合排名位列第12名；闵行经济技术开发区是全国第一个国家级经济技术开发区，是全国单位面积产出最高的开发区；大零号湾全球创新创业集聚区、上海马桥人工智能创新试验区、莘庄工业区、临港浦江国际科技城等各类特色园区，可以为产业承载提供充足空间。全区纳入国家级高新技术产业区块的面积达65.62平方公里。

职住平衡方面，“十三五”时期闵行区新增各类租赁房源11.7万套，有效解决了各类人才、产业工人、公共服务从业人员的安居问题。

城乡一体化方面，实现了53个“城中村”地块改造，完成了浦江镇革新村全市首批乡村振兴示范村建设和61个美丽乡村建设，实现村庄风貌、村落文化和村庄经济的同步提升。

生态宜居方面，闵行区先后完成各类绿地建设640公顷，包括闵行文化公园、浦江郊野公园、马桥森林体育公园等。2020年底森林覆盖率达18%，完成85公顷各类绿地建设，科创公园、万源公园、许浦水韵公园、虹秀绿地、马桥人工智能公园等陆续启动；30公里环社区绿道满足周边居民休闲需求；绿道达200公里；各类公园总数达100座。同时，闵行正依托城市副中心建设，提升城市功能和公共服务水平，打造了30余个商业综合体，布局建设15分钟社区生活圈，新建100家左右集养老、医疗、文体等功能于一体的邻里中心，让工作生活在闵行的市民充分感受到学习、办公、出行、购物、文娱、休闲的便捷性。当前，闵行拥有虹桥、莘庄两大城市副中心和虹桥、莘庄两大综合交通枢纽，肩负着联动内外、扩大开放的重要使命。实现了城市化地区“一公里”服务半径全覆盖。

（二）乡村振兴：崇明岛国际生态岛

上海市崇明区地处长江入海口，自然生态地位十分重要，在落实长江经济发展战略、推动长三角一体化发展和助力上海建设卓越的全球城市进程中具有重要地位。2014年，崇明县（2016年撤县设区）被国家发展改革委联合有关部门列入生态文明先行示范区建设地区（第一批），为崇明岛建设世界级生态岛带来了契机。当地进行了一系列实践探索，取得了明显成效。

全面对标“五型经济”发展要求，以现代新农业、海洋新智造、生态新文旅、活力新康养、绿色新科技为重点，大力构建具有崇明特色的“五新”生态产业体系，全面抓好美丽街区、美丽家园、美丽乡村、美丽河湖、美丽道路“五美共建”，巩固完善社会事业布局，持续提高民生保障水平，加速推动崇明绿色崛起，努力实现美丽蝶变，更好造福广大人民群众。花朝节、花园节、森林旅游节的举办，让崇明的假日经济发展迅速，成为上海乃至长三角市民的“世外桃源”，进而培育出一批各具特色的旅游小镇和精品民宿。据统计，崇明备案民宿发展到500多家，占上海全市的九成以上。成功创建全国全域旅游示范区后，乡村、亲子、康养等多元化旅游新业态在崇明落地生根。好生态不断催生、赋能好经济。

如今，崇明已经建成9个市级、34个区级乡村振兴示范村，1.1万户农民家庭纳入相对集中居住。万达广场的顺利开业结束了崇明无大型综合商业设施的历史。诸如多层住宅加装电梯、老旧小区厨卫改造、住宅小区雨污分流等民生工程的铺开，让崇明老百姓的生活充满了获得感、幸福感。

1. 全力夯实生态发展基底

一是加强生态环境治理。着力打造上海最美生态，稳固推进林地建设，森林覆盖率达到27.4%，面积在全市最大；着力推进大气防治，环境空气质量优良率达到84%，品质在全市最优；着力推进水质治理，地表水环境功能区达标率为96.2%；着力加强土壤修复保护，大力推进化学农药、化学肥料逐年减量，亩均使用率在全市最低。二是狠抓生态项目建设。滚动实施生态岛建设三年行动计划，生态基础设施等9大专项和33个重点项目投资约660亿元。每年安排约100个重大生态项目实施挂图作战，加快生态建设步伐。大力推进“长江经济带绿色发展示范”全国试点，形成现代农业等61个绿色发展案例。三是做实生态文明内涵。围绕世界级生态岛“怎么看”“怎么干”“建成什么样”，连续三年开展大讨论，推动生态文明理念深入人心。巩固发展绿色能源，实施“渔光互补”项目，推广分布式光伏发电；加快发展绿色生产，持续提升农林废弃物资源化率、生活垃圾资源回收率；全面发展绿色建筑，对城镇新建建筑全部实行绿色建筑标准；大力发展绿色交通，加快电动车充电设施建设，推动新能源公交车、出租车实现全区覆盖，绿色出行日益普及。

2. 全力推进高质量发展

一是加速绿色农业现代化。坚持高科技、高品质、高附加值方向，大力发展现代农业，连续三年面向全球招商160个项目，正大300万羽蛋鸡场、由由中荷现代农业创新园等重大项目即将投产；积极培育新型农业经营主体，先后认定开心农场14家、博士农场20家、区级以上农业龙头企业24家；全力打造不使用化学肥料和化学农药的大米、柑橘和蔬菜等“两无化”农产品体系，全区绿色食品认证率达到89%，农业绿色发展指数位列全国第一。二是加快现代制造高端化。以科技创新引领产业变革，运用新一代信息技术赋能产业升级，加快推动海洋装备向数字化、绿色化、智能化发展，大力推进高端制造、绿色制造、智能制造，着力发展海洋经济、创新经济、生态经济，全力打造千亿级长兴产业集群。沪东中华拿下我国造船业历史最大出口订单，总金额超200亿元。积极推进各产业园区向科技研发、生态文创、智能制造方向加速转型，创智园、经济合作园等项目建成投运。三是培育新兴产业多样化。落实新发展格局要求，把握新消费需求，培育发展大数据、直播电商、生态康养等新业态，引进知名主播李佳琦等特殊人才。打造文旅影视产业，推进全域旅游建设，中国音乐剧产业基地签约落户，自行车特色小镇加快建设，明珠湖5A级景区创建深入开展。推进5G应用示范区建设，率先在全市实现5G信号全覆盖，开展了国内首个“5G+智慧农机”应用。

3. 全力创造高品质生活

一是打造高颜值乡村。加快建设上海最美乡村，以“自然生态美、绿色生产美、宜居环境美、乡风文明美、生活幸福美”为重点，加强村居环境整治，完善乡村基础设施，抓好特色产业发展，着力塑造“白墙青瓦坡屋顶，林水相依满庭芳”的乡村风貌，打造一大批乡村酒店、生态民宿，建成34个区级示范村，园艺村、北双村等9个村入选市级乡村振兴示范村。加快推动6037户农民相对集中居住，努力营造区位更好、环境更好、服务更好的品质生活。二是保障多层次民生。优化公共服务，实现集团化学区办学全覆盖，全力办好人民满意的教育；率先在全国建立以健康为中心的紧密型医联体，实现大病不出岛、小病不出镇、慢性病不出村。加强生态惠民，开发生态就业岗位1.5万个，创新生态养老补贴，居民养老金达到全市平均水平。扩大质量民生，加强养老服务供给，抓好长兴人民医院、第三人民医院开业准备。全力推进轨交崇明线、北沿江高铁建设，谋划好功能布局和一站一城发展。三是抓好高效能治理。积极创建全国文明城区、全国卫生城区，大力提升城乡发展水平。加强“两网”建设，推动“一网通办”开展证照分离全覆盖试点，“一网统管”接入9个生态监测特色应用场景。深入推进“雪亮工程”“智慧公安”“智慧城市”建设，万人发案率保持全市最低，荣获全国首批乡村治理体系建设试点示范单位。大力开展农村人居环境整治，被国务院办公厅列为“落实有关重大政策措施真抓实干成效明显地方”。

第四章

城市治理事事关人：健全生态文明建设全民行动体系

城市生态文明建设的目标是实现城市现代化。城市现代化中最重要的环节就是城市治理现代化，城市治理的现代化是实现我国治理体系和治理能力现代化的重要举措。因此，构建生态文明建设全民行动体系是实现城市治理现代化的必由之路。

党的十八大以来，习近平总书记围绕新时代“实现什么样的城市治理、怎样实现城市治理”等问题，从“中国特色现代化城市”的目标维度、“以人民为中心”的价值维度、“创新协调绿色开放共享”的理念维度、“打造智慧城市”的技术维度以及“社会化、法治化、智能化、专业化”的实践维度，深刻阐明了城市治理目标、价值取向、发展动力、政治保证、根本方法、绿色发展、外部条件、技术手段等核心内容，指明了智能支撑、专业保障等城市治理的实践路径，强调了分级分类推进新型智慧城市建设。

党的十八届五中全会提出，要构建全民共建共享的社会治理格局。习近平总书记在党的十九大报告中提出要打造共建共治共享的社会治理格局，是对当前社会治理理念的又一突破。从根本上说，社会治理制度来源于人民，服务于人民。因此，社会治理制度需要顺应不同时代人民的特点与诉求进行调整，而“共建共治共享”原则就是社会治理制度在发展中对现实回应的集中理论体现。

共建共治共享社会治理格局的提出是对中国共产党社会治理理念的延续与创新，蕴含着丰富而独特的理论特征与时代意涵，反映了社会治理理论已从机制创新、架构完善推进到格局营造、制度建设的新阶段。站在“两个一百年”奋斗目标的历史交汇点上，实现共建共治共享社会治理格局需要：坚持“以人民为中心”的人民立场；实现“主体关系多元协同”“治理机制协商共治”“治理成果全民共享”的丰富时代意蕴；真正推进社会治理的制度化、法治化、专业化、智能化的实践路径。在“人”字上做文章，实现新时代城市生态文明建设的新飞跃。

城市治理事事关人，在共治中实现共建和共享，体现“人民城市人民建，人民城市为人民”的意蕴，共筑新时代城市生态文明建设全民行动体系，最终实现国家治理体系和治理能力的现代化。

从发展角度看，工业革命之后，人类的城市化进程以突飞猛进的速度发展，城市与国家之间的关系更加紧密，城市成为承载现代国家建设和治理的战略空间。城市及其治理不仅关乎城市自身的发展，也关乎国家治理体系和治理能力现代化。新中国成立后，随着社会主义改造的完成，城市就真正回到了人民的怀抱。上海作为近代中国标志性的特大城市，在新中国成立之后的建设和发展尤其引人注目。

19 世纪初，随着西方国家工业化和城市化的迅速发展，城市生态危机与日俱增。Simon 认为，生态城市是人类经过长期反思后的理性选择，也是人类城市可持续发展的必然选择。① “生态城市”是依据生态规律，有效利用能源、物质和信息等资源，建立的一种“经济、社会与自然协调发展”“文化与技术景观高度融合”的新型城市。②

习近平总书记在十八届中央政治局第六次集体学习时指出：“生态文明是人类社会进步的重大成果。人类经历了原始文明、农业文明、工业文明，生态文明是工业文明发展到一定阶段的产物，是实现人与自然和谐发展的新要求。”③ 从形式上讲，生态文明是以人与自然、人与人、人与社会和谐共生、良性循环、全面发展、持续繁荣为基本宗旨的社会形态。从本质上讲，生态文明是人类遵循人、自然、社会和谐发展这一客观规律而取得的物质与精神成果的总和。中国绿色发展理念、生态文明建设布局和防止污染攻坚战，使这个创造了经济发展奇迹的大国，走在了可持续发展的世界前列，名副其实地成为全球生态文明建设的重要参与者和贡献者，并开始引领世界转型发展的方向。

生态文明是生态城市建设的核心，可以从环境、意识和制度三个层面来理解其基本内涵：环境层面将“生态环境”视为生态文明的承载者，良好的生态环境是人类赖以生存和发展的基础，人类必须在尊重生态规律的前提下，改造和利用生态环境；意识层面认为“生态意识”是认识生态问题的一种全新理念，是生态文明建设的精神动力，生态意识强调把“人、经济、社会、自然”视为一个复合生

---

① Simon M, Stephen G, “Cities, regions and privatis edutilities”, *Progress in Planning*, 1999 (2): 91-165.

② 刘举科：《中国生态城市建设发展报告（2015）》，社会科学文献出版社 2014 年版，第 2 页。

③ 习近平：《论坚持人与自然和谐共存》，中央文献出版社 2022 年版，第 29 页。

态系统，主张合理开发、利用和保护生态环境，反对人类对环境的肆意开发和破坏；生态制度是规范生态保护和建设，调整人与生态关系的一系列制度和规范的总称，包括了正式制度（法律、规章等）和非正式制度（伦理道德、习俗等），为生态系统的协调和持续运行提供基本保障。

从建设“生态城市”到城市生态文明建设理念的发展，不仅仅是观念上的进步，更应该是行动上的前进。于是，城市治理就成了城市生态文明建设的核心，提高城市管理水平，就要调动各方积极性，要统筹政府、社会、市民三大主体，“使政府有形之手、市场无形之手、市民勤劳之手同向发力”。[①]“三只手”的合力，推动城市共建、共治、共享，让人民群众在城市生活得更方便、更舒心、更美好。2019 年 10 月 31 日，党的十九届四中全会通过的《中共中央关于坚持和完善中国特色社会主义制度　推进国家治理体系和治理能力现代化若干重大问题的决定》指出：“社会治理是国家治理的重要方面。必须加强和创新社会治理，完善党委领导、政府负责、民主协商、社会协同、公众参与、法治保障、科技支撑的社会治理体系，建设人人有责、人人尽责、人人享有的社会治理共同体，确保人民安居乐业、社会安定有序，建设更高水平的平安中国。”[②]

共建共治共享的社会治理制度，是参与型行政理念的最好体现。城市治理事事关“人”，在共建共治共享的社会治理制度中，“人”是关键，如何健全生态文明建设全民行动体系是新时代城市建设、

① 《中央城市工作会议在北京举行》，《人民日报》2015 年 12 月 23 日。

② 《中共中央关于坚持和完善中国特色社会主义制度　推进国家治理体系和治理能力现代化若干重大问题的决定》，人民出版社 2019 年版，第 28 页。

发展的可靠有力的保障，作为我国特大型城市的样板——上海，在这场“人民城市人民建，人民城市为人民”的重大战役中要发挥榜样的力量，开创一条我国特大型城市生态文明建设和发展的新路。

一、城市共建：新时代城市生态文明建设全民行动体系的正确路径

城市发展是一个自然历史过程，有其自身规律。2015年11月10日，习近平总书记主持召开中央财经领导小组第十一次会议上指出：“做好城市工作，首先要认识、尊重、顺应城市发展规律，端正城市发展指导思想。”① 城市与经济发展相辅相成、城市人口与用地要匹配，城市规模与资源环境承载力相适应，这些都是城市发展规律的重要内容。

习近平总书记关于人民城市重要论述是以人民为中心的中国之治在城市维度的表达。习近平总书记于2019年11月2日在上海杨浦滨江实地考察时，提出了“人民城市人民建，人民城市为人民”的理念，他指出，人民城市人民建，人民城市为人民。在城市建设中，一定要贯彻以人民为中心的发展思想，合理安排生产、生活、生态空间，努力扩大公共空间，让老百姓有休闲、健身、娱乐的地方，让城

① 习近平：《论把握新发展阶段、贯彻新发展理念、构建新发展格局》，中央文献出版社2021年版，第56—57页。

市成为老百姓宜业宜居的乐园。[①] 习近平总书记结合上海杨浦滨江的建设、治理和发展，基于中国城市人口极大发展，以及大多数中国人已经生活、居住和工作在城市，并且将有更多的中国人口持续向城市移居的现实，首次明确阐发人民城市理念，并将其浓缩为“人民城市人民建，人民城市为人民”。

“人民城市人民建，人民城市为人民”，深刻揭示了中国城市的人民性：城市属于人民，城市治理依靠人民，城市发展为了人民。这是习近平新时代中国特色社会主义思想的重要内容。人民如何来建设自己的城市，建设好自己的城市呢？需要我们在城市生态文明建设的实践中不断探索。

（一）建立一个人民城市的共建体系

属民——城市属于人民，是中国城市人民性的本质属性之一。人民城市人民建，城市是属于人民的。人民是国家的主人，也是城市的主人。从这个意义上来说，人民就是城市，城市就是人民。新中国成立后，通过手工业和资本主义工商业的社会主义改造，完成了生产资料的人民所有制，从根本上奠定了人民城市的经济基础，使消费城市转型为生产城市，使人民真正成为城市的主人。[②]

城市生态文明建设，从本质上来说，是要调整过去的经济结构、生产方式和消费模式，是个系统工程。构建科学规范多元参与的符合

---

① 习近平：《人民城市人民建，人民城市为人民》，新华网，2019 年 11 月 3 日。

② 《变消费性城市为生产性城市》，《人民日报》1949 年 3 月 17 日。

生态文明要求的城市共建体系是新时代城市生态文明建设的正确路径：需要建立共建体系，需要转变政府职能，厘清政府、社会和市民的责任、利益和机制关系，强化市民参与城市治理的功能，创造市民参与城市治理的政治、社会和生态环境。

城市共建是指人民群众共同参与城市的建设。城市共建的主要内容包括：城市的社会事业建设、城市的法治建设和城市的社会力量建设。在政府主导下，由政府和社会合作，确保人民能够参与到制度建设中来，使党和政府能够倾听民意，积极调动各类市场主体和社会力量参与到城市建设中来。

共建体系的建立，树立以全民“共建共治共享”为核心的新理念，保障多元主体有效参与的新体制，健全城市治理配套体系的新模式，进而为城市生态文明建设指明了方向，是健全城市生态文明建设全民行动体系的正确路径。

（二）新理念，新体制，新模式

新时代背景下，社会多元发展，人们的思想意识和价值取向也各不相同，在利益的追求上也是因人而异。但只有各主体共同参与城市治理，才能形成全民“共建共治共享”的新理念，只有凝聚各方力量，城市治理才能朝着新格局的方向发展。为凝聚各方力量，使不同价值取向的社会主体能积极参与城市治理，一方面要在全社会形成广泛认识，使“共建共治共享”理念深入人心，获得各方的认可和支持；另一方面要围绕“共建共治共享”目标，建立富有民主和法治精神的机制和体制，积极引导多元社会主体共同参与其中，并为其参与“共建共治共享”创造条件。

以全民“共建共治共享”为核心的全新城市治理理念，是党对社会发展规律认识不断深化的结果，要求我们在城市治理中必须坚持人民的主体地位。城市治理模式应从单纯依靠政府进行管理向政府主导下的多元主体协同治理转变，从单纯依靠行政管理向注重协调、协商、合作转变。充分发挥人民群众在社会治理中的主体作用，依靠群众智慧和力量，不断推进城市治理创新。全民“共建共治共享”新理念植根于中国社会发展所处的三大情境：多重社会转型、社会主义制度的框架和目标，以及中国的国情与文化。在人类进入资本主义时代以后，先后发生过两大系列的社会转型，第一个系列是市场化、工业化、城镇化和民主化，第二个系列是复杂社会、风险社会、流动社会与网络社会的形成。这就构成了当前中国讨论社会治理问题的双重语境，第一系列的社会转型提出了公平正义的问题，第二系列的社会转型构成了对社会秩序的更严重考验。当前中华民族伟大复兴进入新高潮，城镇化进入新阶段，经济发展进入新常态，各种社会矛盾或显或隐，需要在更高层次上构建城市治理的新格局。党的十八大以来，中国生态文明建设进入了新阶段，系统性的顶层设计以制度建设为先导，转变政府职能，厘清政府、社会组织和公民的责任、利益和机制关系，强化群众参与社会治理的功能，从而形成各主体协同、合作、良性互动的社会共治局面；通过推进民主化、法治化进程，充分尊重民意，顺应人民广泛政治参与的需要，让人民群众有序、有效地参与到社会治理过程的方方面面，创造群众参与社会治理的政治、社会环境是其显著特色。

加快构建全民“共建共享共治”的社会治理新模式，是创新城市治理方式，实现社会治理现代化的必然要求。只有社会各治理主体比较充分地参与，进行比较充分的协商，达成尽可能广泛的共识，进而采取相互配合的治理行动，才能有效化解利益冲突，促进和实现利益共享，构成良好的治理关系，实现良性社会秩序，进而维护人民的根本利益。

（三）创造条件，多元主体参与

城市共建涉及许多因素和方面，如政治、经济、社会、文化、教育、科技等。拿城市的环境问题来说，政府不是唯一的建设主体，解决环境问题要求在市场配置资源的基础上，更好地发挥政府的主体责任，充分发挥市场、企业、NGO、社会民众乃至国际社会的积极作用。但是各建设主体间存在利益冲突、协调不畅、社会公众参与不畅等问题，严重影响着城市生态文明建设的效益，制约着生态目标的实现。如何在生态环境多元建设体系中转变政府职能，提升政府治理能力，正确引导社会多元共建是政府当前亟须解决的关键问题。

人民是城市的主人，更是城市建设与治理的主体。“人民城市人民建”，明确回答了新时代城市工作依靠谁的问题，深刻揭示了新时代城市建设发展的力量之源，是“人民群众创造历史”唯物史观的鲜明体现。深入开展新时代的城市工作，必须坚持以人民为中心，发扬群众首创精神。尊重人民主体地位，紧紧依靠人民，协力创建新时代社会主义现代化人民城市的宏大历史伟业。

二、城市共治：新时代城市生态文明建设全民行动体系的实现途径

做好新时代城市工作，必须坚持以人民为中心，明确城市是人民的城市、人民是城市的主人，把“属民”“为民”“靠民”的人民城市重要理念真正落到实处，全心全意为人民群众创造更加幸福的美好生活。社会治理是国家治理的基础，社会治理能力的提升，是国家治理体系和治理能力现代化的重要体现。城市的社会治理是国家治理体系中最重要的一环。搞好城市的社会治理是需要我们花大力气的。城市中所有的问题与人民息息相关。如果城市发展及其治理忽视了人的发展，那么，这种城市不仅自身的治理成问题，更无法达到推动国家治理现代化的目的。在城市发展与治理过程中，当资本及其对物的占有成为最被关注的东西以及其他一切事务开展的前提时，城市与人的关系便开始疏离，最终造成资本、空间而非人的城市化。这种状况愈演愈烈，波及具体的城市市民，便会导致家的异化和人的流离失所；波及具体的城市，便会产生城市的失治和动荡不安。前者会直接动摇国家治理的根本，后者会直接影响国家治理现代化的推进，两者最终导致人的失所、城市的失治和国家的失序。

（一）共治机制

靠民——城市治理依靠人民，是中国城市人民性的本质属性之

一。城市是人民的城市，人民是城市的主人，城市治理自然依靠人民。中国共产党在解放战争后期接管城市时就已明确指出："城市已经属于人民，一切应该以城市由人民自己负责管理的精神为出发点。"① 在城市化迅速发展的当下，城市治理需要充分发挥人民的主体性，调动人民的积极性，鼓励人民参与城市治理的各个环节，实现城市共治。

随着物质水平的提高，人民对社会公平、法治、民主以及个人价值实现等的愿望就会开始涌现，人民参与城市治理的愿望也愈加强烈。同时，参与权是宪法赋予每个公民的权利和义务，也是人的社会性需要。在"共建共治共享"新理念下，城市治理配套体系应包括三个方面：

第一，社会公共安全体系建设。和平的生活环境是每一个公民的内心向往，同时，也是事关人民群众的直接利益，关系到人民群众健康、财产等各方面的安全。这也是关乎"人"的事。在新的历史时期，公共安全事件也时有发生，2014 年 12 月 31 日的踩踏事件，每个上海人至今记忆犹新。每一次安全事件的发生，不仅关系到人民群众的生存生活安全，而且也对党和政府在新形势下公共安全危机的处理和应对形成考验。公共安全体系的建设，对于城市稳定和发展具有重要意义。因此，应健全公共安全事件的应对和解决机制，完善事件善后处理方案，进一步加强安全生产责任制，预防重特大事故发生，为城市稳定发展构建安全基石，全方位、多层次编织公共安全网，努力建设平安城市。

① 《毛泽东选集》第 4 卷，人民出版社 1991 年版，第 1324 页。

第二，社会心理服务体系建设。目前，我国正处于转型关键期，传统与现代、国内与国际间的思想观念正在交流与碰撞，社会心理服务体系建设极为重要。具体来说：一方面，需要在全社会积极弘扬正能量，努力提高全体市民的心理健康水平；另一方面，要引导和强化社会成员的人格培养，塑造自信自尊、积极向上的良好心态，主动推进社会心理服务体系建设，为促进和谐城市建设、文明城市发展提供动力与支持。

第三，社区治理体系建设。在城市治理过程中，要重点关注城乡社区，围绕人这个根本，创新体制机制建设。社区治理正成为新时期社会治理的重点，要围绕基层治理投入更多资源，实施网格化管理，以社会化服务为指引，完善和健全基层综合服务管理平台，引导基层建设迈向新时期。习近平总书记特别强调，城市治理的“最后一公里”就在社区。社区是人们的共同生活体，人民城市重要理念要求新时代城市工作必须做到：把重心下沉到社区、把力量集聚到社区、把资源配置到社区。社区治理要做好赋权增能的“加法”、减负减压的“减法”、科技赋能的“乘法”、革除弊端的“除法”。推动新时代城市工作重心向社区下沉，就必须把抓基层、打基础、强基本放在更加突出的位置，更加鲜明地树立起做强街镇、做优社区、做实基础、做活治理的导向，更加注重在细微处下功夫、见成效，让社区更有能力、更有条件、更加精准、更加精细地为群众服务办事，着力解决好人民群众关心的就业、教育、医疗、养老等突出问题，不断提高基本公共服务水平和质量，使社区成为超大城市治理的坚实支撑和稳固底盘。

（二）城市社会治理的社会化、法治化、智能化、专业化

城市社会治理的具体要求，就是如何努力实现城市社会治理的社会化、法治化、智能化、专业化。

1. 城市社会治理的社会化

在党委和政府主导下，充分发挥基层组织的职能和优势，凝聚群众智慧和力量，鼓励和支持社会各方参与，实现政府治理与社会自我调节、群众自治良性互动，特别是统筹各种社会资源力量，综合运用多种手段，预防和解决社会治理中的各种矛盾纠纷，使矛盾纠纷以最合适的方式得到及时有效化解。注重社会化，有效整合社会资源，推动社会组织参与矛盾纠纷化解。比如可以通过制定《建立家事调查员参与调查和调解家事纠纷工作制度》、鼓励优秀人民调解员成立个人调解工作室、积极引导企业单位参与矛盾纠纷化解等，上海电视台的传统栏目《老娘舅》，在利用电视媒体的辐射影响力方面，发挥着重要的作用。

案例：上海徐汇区的"邻里汇工程"——在"十三五"期间依托邻里汇等载体构建徐汇美好生活共同体的基础上，徐汇区研究出台了《徐汇区关于深入践行"人民城市人民建，人民城市为人民"重要理念，全面推进"邻里汇工程"的实施意见》，聚焦建设"美丽、温馨、活力、智慧、和谐"家园的基本导向，推动徐汇区社会治理从邻里汇本体建设向"邻里汇工程"系统治理模式的迭代升级。一是紧扣人民需求，加快推动旧区改造、加装电梯、早餐工程、社区养老服务设施建设等一批民心工程落地，系统推进了社区党群服务中心、邻里汇等社区综合服务设施功能体系提升。二是注重精细治理，聚焦

加装电梯、群租治理、飞线充电、文明养宠等基层治理难点，精准匹配街镇和小区先行先试，引入智库跟踪指导提炼，研发了实用管用的治理导则。三是强化创新集成，做实区创新社会治理加强基层建设工作推进平台，探索推出片区一体化治理、数字化转型赋能基层治理等徐汇治理创新品牌。目前，徐汇区正以“邻里汇工程”为统领，把“五个家园”建设作为社会治理创新的现实载体，推动“十四五”时期徐汇社会治理创新向纵深发展，持续建设人民城市最佳实践区。同时，近年来，在实施住宅小区综合治理的基础上，针对小区单体改造难以解决的空间形态零散、物业管理薄弱、社区商业无序、生活服务不便等问题，徐汇区将若干个居民区“打包”成“片区”，探索“美丽家园”升级版——片区一体化治理模式。依托“街镇重点项目专委会”机制，推动治理重心和配套资源下沉，把旧改、停车难综合治理、架空线入地和合杆整治、加装电梯等民心工程纳入片区项目清单，统筹片区规划、建设和治理全周期，一揽子推进解决整个片区的难点痛点问题，实现了老旧社区旧貌换新颜。2020 年底，乐山街坊综合治理获得央视新闻联播头条报道。《片区一体化治理机制推动老旧小区“脱胎换骨”》案例先后获评“上海市创新社会治理典型案例”“上海城市治理最佳实践优秀案例”。当前，每个街镇均已确定并启动了 1 个重点片区，共覆盖 69 个小区、5. 8 万户居民。“十四五”期间，各街镇将按照打造 1 个、规划 1 个、储备 2 个的节奏滚动实施，推动片区治理体系、治理模式和治理能级全面升级，让群众有更多获得感、幸福感、安全感。①

---

① 《践行“人民城市”理念，打造社会治理“徐汇范式”》，https：//www. sohu. com/a/499947702_ 790178，2021 年 11 月 8 日。

2. 城市社会治理的法治化

要让人们充分认识到，只有在秩序中享受自由，在规则下追求幸福，才能实现真正的自由和幸福，无视秩序或者规则，便要受到相应的“强制”，这是现代国家的普遍规律。只有依靠法治，实现社会治理法治化，善于运用法治思维和法治方式来解决各类社会治理问题，确保参与型行政的理念得以贯彻落实，充分引进公众参与、专家论证、风险评估、合法性审查和集体讨论决定等关键节点的程序，追求正当程序价值。注重法治化，积极推动法治化建设，充分尊重法律，将在法治轨道上解决问题作为城市治理的基本模式。积极强化统筹协调、组织推进和督促指导，把人民调解、行政调解、司法调解有机结合起来，实现联通互动、优势互补，最大限度发挥调解作用。

案例：上海治理城市顽症　超大城市社会治理的“法治化样本”——2017 年，上海再度实现春节期间烟花爆竹“零燃放”目标。“零”数据的背后，折射出上海在创新社会治理上的新理念和新实践。

从前期调研、地方人大立法，再到宣传发动群众参与、多部门协同严格执法，在一步步实践中，上海始终秉持法治思维和法治方式，在解决城市治理顽症难题的同时，也构建起社会治理法治化新格局。整合法律资源，补齐“短板中的短板”。在上海，“补短板”是近年出现频率最高的词语之一。从“五违四必”区域环境综合整治，到道路交通违法行为大整治，再到中小河道整治，曾被人们视为矛盾尖锐、问题错综复杂的各种城市“顽症”得以重点整治。曾经，由于法律法规缺失这块“短板中的短板”的存在，这些问题往往整治后故态复萌。以群租和违法建筑整治为例，上海始终对这类顽症保持高压态势，可往往是整治结束之后违法陋习又卷土重来。尤其是在治理违法建筑问题上，由于违法成本低、执法成本高，且相关处理规定散见于各类法律法规之中，导致执法部门多头管理难以形成合力。

2014年，上海市政府出台《关于进一步加强本市违法建筑治理工作的实施意见》（以下简称《实施意见》）。这份意见并非简单地提出要求，而是将散见于《城乡规划法》《行政强制法》《土地管理法》《消防法》《治安管理处罚法》等法律法规内的相关条款加以整合，并强化联合执法。例如，针对导致违法建筑屡禁不绝的拆除难问题，《实施意见》依据《城乡规划法》明确规定：对正在搭建违法建筑的违法行为，当事人拒不停止建设或者逾期不拆除的，可由拆违实施部门依法采取强制拆除措施。

立法先行，确保精细化社会治理有效落地。古人云，治大国若烹小鲜。管理一座城市，特别是像上海这样的超大型城市，同样需要拿出像绣花一般精细的本事。但城市管理中各种问题叠加，千头万绪，有绣花之心，还得有精细之功。在上海创新社会治理的实践中，不少人都发现了“绣花针”背后的一条线迹——立法先行，依法治理。烟花爆竹禁燃禁放，事关城市安全和大气环境质量。伴随着近年来上海城市的快速发展，群众要求禁放烟花爆竹的呼声越发强烈。是单纯的一纸禁令彻底禁止，还是结合实际分步实施？上海在探索采取立法先行——通过前期地方立法，确保禁燃禁放真正落到实处。既然是立法，必然需要经过前期调研、人大审议等多道程序。正是有了这些程序设计，整个烟花爆竹禁燃禁放摒除“一禁了之”的简单粗暴，而是在反复论证、凝聚共识的基础上，结合城市不同区域的特点，有针对性地提出解决方案。譬如说，修订后的《上海市烟花爆竹安全管理条例》（以下简称《条例》）提出，烟花爆竹经营实行统一采购、统一批发，并规定了烟花爆竹经营单位的布点应遵循合理布局、总量控制、逐步减少的原则。同时，《条例》还对燃放安全作出精细化规定，外环外虽然属于可燃放区域，但又明确这一区域内的八类场所周边禁止燃放。《条例》明确了各管理部门的职责，为执法部门划定清晰的执法领域和相关责任。正是有了这部法规作为基础，辅以严格规范执法，上海在连续两年实现春节期间烟花爆竹成功管控的同时，渐渐在全社会树立起了尊法守法的风气。类似这样的立法先行，还存在于食品安全领域。2017 年 3 月 20 日，被称为“史上最严”的《上海市食品安全条例》正式实施。这部地方性法规在修订过程中，条文数量从 62 条增加到 115 条，修订幅度达 93.8%。更为重要的是，法规的“严”体现在全过程、全环节、全覆盖，尽量去除空白。同时，“最严”并非是不可操作的法条，而是用可操作性的细节确保了执行的有效性。其次，固化实践成果，修订法规确保治理有序推进。法，自其诞生那一天起就带着天然的滞后性。在上海这座高速发展的超大型城市，新业态、新问题层出不穷，如何让先天具有滞后性的法律法规成为引领社会治理创新的重要手段，也是摆在城市管理者面前的一道关键考题。违法停车，是城市交通管理中的一大顽症。按照现行道路交通管理法律法规，只要驾驶员在车内，交警就只能采取驱离的方式，无法对其进行处罚。在整治行动中，上海警方一方面梳理现行法律法规中可供操作的条文，另一方面结合高科技手段使用电子警察加以监管。很快，一系列举措频出——黄实线停车罚款扣分，电子警察抓拍违停。在合理运用相关手段之下，违法停车这一顽症很快有了改观。最后，立法律规矩，正尊法风气，还需将好的经验做法固化为法律法规。在交通大整治实施过程中，立法机关也将法规的修订提上了议事日程。执法中好的经验，治理中好的做法，这些统统被立法者揽入怀中。

当年纳入立法规划，当年人大审议通过，如此高效率的背后也是上海在社会治理中运用法治思维的鲜活案例。更值得称道的是，这部道路交通管理条例并非只是明确了处罚规则，还就城市交通管理的规划、综合治理、执法监督等内容作出充实和完善，为下一步整治工作提供了明确的方向和指引。只有依靠法治，善于运用法治思维和法治方式来解决各类社会治理问题，确保参与型行政的理念得以贯彻落实，充分引进公众参与、专家论证、风险评估、合法性审查和集体讨论决定等关键节点的程序，追求正当程序价值，坚持说明理由的原则，才能确保党委领导、政府负责、社会协同和公众参与的实效性，推动形成共建共治共享的社会治理格局，提高社会治理社会化水平，并确保社会治理的智能化和专业化。

从上海的城市生态环境治理来看也是如此。首先，改造和整合上海城市生态环境治理的信息资源系统。制定《城市生态环境治理信息集中报送管理办法》等，在政府网站上设立上海城市生态环境治理的专栏，按照分类、及时、双向、集中的原则，采集和反馈有关城市生态环境建设和治理的政策、制度、节能、排污等实时上报。其次，建立上海城市生态环境治理信息公开、共建和共享机制。制定相关法律制度，及时公开相关企业的能耗与排污情况、污染布局以及环境评价的相关信息，促进信息共享，形成环境治理的数据信息网络。最后，通过信息流与服务再造，力争向“一站式”城市生态环境治理信息系统靠拢，实现我国城市生态环境治理的一体化。采取网上办公服务的方式，将事前审批、环境评估、税费缴纳等涉及不同部门的对接活动联合起来，转变传统串联审批的方式为并联审批，实行一次性告知服务，实现“一站式”的服务目标。为了实现我国城市生态环境治理的一体化，可以在环境治理数据信息网络的基础上，收集和传递由各省市提供的各种生态环境治理信息，实现与各级城市生态环境管理部门及环保科研部门的局域网相连，通过网络将国家级、省部级和地市级的环境治理信息系统相连，促进不同区域间的信息交流，实现数据资源共享，及时了解全国城市生态环境治理的具体情况，为科学决策提供准确、及时的信息。

3. 城市社会治理的智能化

注重智能化，推进智能化平台建设。积极构建“科技支撑”的社会矛盾化解模式，通过建立社会治理数据汇聚机制，实现多元数据融合共享和集成应用，并搭建智能研判模型，利用智能化科技手段建构精准化的矛盾预测预警预防机制。在建设智慧城市过程中，需要不同政府部门共同协作，一起努力，在互联网技术的背景下逐步提高城市治理的整体性，拓宽渠道，广听民意，为公众参与社会治理提供便利，持续加强城市智能化管理网络建设，不断提高公共服务、公共决策、社会治理的智能化水平。智慧城市的建设，离不开各种数据的收集和处理。各治理主体应积极配合和推动数据共享，利用大数据为城市“精准诊治”，实现“靶向治理”，从而提高城市问题解决的针对性和科学性，并不断创新治理机制和体制，积极探索智能化背景下的治理方法和思路。例如，为了推动城市治理智能化，天津市在城市建设、生态建设等多个方面接入移动互联网技术，使社会公众也能实时对城市治理问题畅所欲言，从而提高城市治理过程中的公众参与水平。信息的高度集中以及对于交流的高层次需要，会引起某些特定的城市功能在空间上高度密集，于是新的城市聚集与扩散矛盾在更高层次上出现，这种矛盾的相互作用将直接关系到未来的城市结构。信息化以新的原则形成新的城市等级体系，它以集聚和分散两种空间极化过程的并存为特征，这将导致迅速的生产和消费全球化过程，以及产业、组织和城市区域的大范围重组。同时，信息化使城市治理的核心内容——公众参与具有实现的可能性。“大数据”使每个人成为城市治理的一个网络节点，同时也使多数人的参与具有了表达可能性。另一方面，信息化也使现代城市公共危机的应对和管理呈现了一个新的形态。“网络社会”改变了城市人们的交往方式，信息的迅速传递使人群的集聚变得更加不可控，许多公共事件的产生和蔓延也使传统的危机应对方式缺乏相应的空间和时间。快速的信息传递和大量人口集聚结合在一起，就要求现代城市政府借助现代信息技术的发展，不断提升城市应对公共危机事件的治理能力和水平。

微平台社区建设成为城市文明治理技术与方法更新的微观维度：微平台社区建设是以大数据分析为基础，通过成立社区委员会，完善社区楼组长队伍，达到形成多元共治共享的体制和机制的目标；通过微平台建设可以搭建起便利的交流平台，能够运用大数据分析使治理优化；通过新媒体、微信等智能技术和网络平台，将公众媒体和自媒体连接在一起，实现多元主体的协商共治；借助“互联网+”等技术，建设智慧社区，为社区居民提供信息服务，在智慧社区中真正做到“以人为本”和共享共治。上海浦东新区北蔡镇运用互联网思维和智慧化手段打造的“北蔡易生活”便民服务平台，就是一个政府主导、创业团队建设、职能部门配合、社会资源参与、群众受益的开放式平台。它利用互联网的便捷优势将社区资源凝聚起来，引入社会组织服务，强化了社区公益性功能，构筑起新型的“智慧社区”，重塑了线上线下联动的社区公共生活空间。在线上，依托微信公众号，开发了家政服务、健康咨询和社区资源发布等20多个功能模块，粉丝超过6万余人，用户活跃度在70%以上；在线下，设立20个便民的服务站，为居民提供政务、物业、缴费和配餐等12项服务。线上服务落地社区，“易生活”让社区居民动动手指就能参与到社区活动当中，实现了社区居民交往的再地域化，增强了居民对社区的依赖性和社区对居民的凝聚力，促进了城市社区治理效能的快速提升。

4. 城市社会治理的专业化

注重专业化，推动矛盾化解制度建设。建立覆盖全社会、遍布用人单位、服务全体劳动者的全方位立体的专业性劳动争议调解网络，提高调解的专业性、权威性和认可度，有效提高劳动纠纷调解成功率。

实践表明，城市治理的创新与发展，使社会多元力量不断发育，社会组织不断丰富和多元，这给城市发展新要素的持续产生提供了空间，从而使城市获得新的发展资源与动力。因此，城市的多元共治需要城市社会的良好发育，需要现代城市公民的逐渐成熟和公民责任的担当，进而形成对城市发展的认同感和责任意识。从城市社会和城市公民中创造出来的“软治理”与依据法律和公权的政府实施的公共“硬治理”相结合，才能形成对城市自然和历史“元治理”的真正尊重和保护。

在我们一起应对新冠肺炎疫情的过程中，对生态文明治理体系和能力建设应该具有一种什么样的定力，应该说当前的疫情应对为我们的生态文明治理体系和能力建设提出了进一步完善和提升的指向。习近平总书记在湖北省考察新冠肺炎疫情防控工作时强调，“这次新冠肺炎疫情防控，是对治理体系和治理能力的一次大考，既有经验，也有教训。要放眼长远，总结经验教训，加快补齐治理体系的短板和弱项，为保障人民生命安全和身体健康筑牢制度防线。”① 加快补齐生态文明治理体系和能力中的短板和弱项。中国特色社会主义制度优势的发挥，意味着需要加强制度建设，推动制度优势向治理效能的转换，防范或者堵住将制度优势转变成为治理障碍的可能和路径。我们中国有着集中力量办大事的优势，一方有难，八方支援，中国特色社会主义制度的优越性展现出了强大的社会动员能力，或者应急处置能力。从 2003 年“非典”疫情防控、2008 年汶川抗震救灾，到 2020 年的新冠疫情防控，中央统一调配、各省（市、区）对口支援，这些事实都凸显了社会主义制度的优越性，以及快速的反应能力和强大的内生机制。但是我们也需要反思，人与自然是生命共同体，推进生态文明制度建设，把生态文明建设的制度优势转变成为治理效能，我们要尊重自然、遵循生态规律，建设人与自然和谐共生的治理系统，维护自然生态系统的多样化和稳定性，堵住把制度优势转变成为治理障碍的可能。这次疫情防控实际上是反映了社会的众生相，社会百态都在疫情防控里面有充分的体现。我们现阶段的治理体系，在一些领域和具体环节上，需要疏通政府、企业和社会公众以及个体之间的阻点痛点，越是在社会治理的关键阶段越能体现这个问题。对于政府、企业、公众而言，治理的最大核心是参与主体之间能够互动，需要加

① 《毫不放松抓紧抓实抓细各项防控工作　坚决打赢湖北保卫战武汉保卫战》，《人民日报》2020 年 3 月 11 日。

强参与主体之间的协同协商，使各参与主体能够奔着一个目标行动，形成一种从被动到自发、从外在约束到内生驱动的治理体系和治理能力。这对于我们而言是一个很难的过程，但是加强和创新社会治理的路子是对的，这是构建现代化治理体系和治理能力的一个核心，是我们追求的精髓。

这次新冠肺炎疫情，不只是一个公共卫生危机，而且是人类发展方式的一个大危机，将深刻地影响中国及世界的经济、社会、文化，以及国际政治走向。这种影响的深度、广度和方式，现在仍然在不断地超出人们的预期。这次疫情及其防控措施，实际上相当于给我们开了一个“天眼”。它让我们看到了通常情况下完全不可能看到的东西。我们以前思考问题，大都是在长期形成的既有思维框架下进行，没有跳出来。但是，很多时候解决问题又需要跳出既有的思维框架来思考。这次疫情防控被迫采取的一些非同寻常之举，就给了我们很不一样的启示。

三、城市共享：新时代城市生态文明建设全民行动体系的最终目标

城市是各类人与阶级聚集融合的地方，在城市中，“人们通过彼此接近和共享，减少了活动所必需的时间与精力，从而大量节省了劳动力转移和原材料加工的成本”①，前面我们讨论了共建、共治问题，

① 陈良斌：《城市化不平衡发展的双重逻辑——基于新马克思主义空间理论视角》，《山东社会科学》2018 年第 11 期。

共享就成了顺理成章的了。按照新马克思主义城市学派的杰出代表戴维·哈维城市权利理论的观点，“共享资源并不是作为一种特定事物、资产甚至特定的社会过程建立起来的，而是作为一种不稳定的和可以继续发展的社会关系而建立起来的”①，这种社会关系存在于某一自我定义的社会集团和它实际存在的或打算创造的，对其生存和生活至关重要的社会和自然环境之间。也就是说，共享资源由社会实践所创造，而这种社会实践生成了共享资源的社会关系，并属于某一个社会集团，并且这些社会集团和共享资源的关系不会受到市场交换和估价的规则限制，具有集体的和非商业化的属性。而不同的社会集团会根据不同的需求和目的创造出共享资源，并极力地保护已经形成的共享资源。所以，城市共享资源的重要性不在于其本身，而在于它代表着城市中某一社会团体的共同利益，能够联结巩固某种社会关系，共享资源的破坏或消失可能代表着某种社会关系的破裂或矛盾的产生，共享资源的争议常常隐含的是社会或政治利益的分歧与冲突，严重时将危及社会的平稳发展。

对共享资源内涵的界定，需要首先厘清公共空间和公共物品的概念。根据哈维的理论，公共空间以及公共物品在资本主义社会管理中发挥着重要的作用，这些公共物品和空间经由国家权力和公共行政管理，而提供这些主要是为维持劳动力的再生产以及维护统治阶级的政权，这就意味着公共物品和公共空间不能被简单定义为共享资源。但是，城市中的公共物品和公共空间却能够为市民以政治行动的方式所占领或者使其变为共享资源。以公共教育和公共广场为例，当人们为

① ［美］戴维·哈维：《叛逆的城市——从城市权力到城市革命》，叶齐茂、倪晓晖译，商务印书馆2014年版，第74页。

了各自利益去使用、支持、争取公共教育的时候，公共教育就变成了共享资源，而当人们聚集在公共广场以表达集体观点和争取集体权益的时候，公共广场也变成了共享资源。可见，尽管公共物品和空间并不能被直接等同于共享资源，但它们的数量和质量却能够充当共享资源品质的评判标准。

再来考察城市共享资源涵盖的内容可知，共享资源不仅包括土地、森林、水、渔场等自然公共资源，也包括知识、文化以及遗传物质等社会公共资源。同时，文化和知识作为共享资源与自然资源存在一定的差异，正如哈维指出的，文化和知识共享资源不会因为使用而减少或导致稀缺，因此，这种资源受到的排他性限制相对较低，而逐渐变化发展起来的社会模式、社会行为、语言以及生产技术等应隶属于文化共享资源的范畴，并且原则上应该面向所有人开放。

（一）共享制度

为民——城市发展为了人民，更是中国城市人民性的本质属性之一。人民城市的性质决定了它是公平的城市和可持续发展的城市。人民城市与其他性质城市的本质区别是：城市发展成果最终由人民共享。

共享的内容是利益为先，权利为重；共享的内容包括财富财政和社会秩序。就共享财富财政来说，效率与公平之间存在矛盾，需要国家能够超越利益格局进行宏观的调节。比如需要国家设立有关福利政策改变社会的二次分配，并调整各种社会机会的分配以促进一次分配的均等化。需要超越的利益格局包括区域利益差异、城乡利益差异、阶层利益差异、行业利益差异等。就共享社会秩序来说，参与和享受之间也不是自然对等的，因为必然存在“搭便车”的情况。在当前这个复杂社会中，社会秩序必须共建然后才能共享，社会秩序的共建共享就是一场极其复杂的集体行动，需要有强有力的组织者。无论是共享财富财政，还是共享社会秩序，都需要由强有力的组织者来动员诸多的相关利益主体，这种动员不可能是强制性的，也不可能是交易性的，只能是合作性的，因此是复杂的多方合作过程。

（二）基础制度、服务体系、机制体制

城市共享是人民群众共同享有城市治理的成果，不仅有经济成果，还有生态成果、政治成果等。

基础制度：健全利益表达机制。畅通群众利益表达渠道，是密切党和政府同群众联系，舒缓社会关系紧张的重要举措。发挥人大、政协、人民团体、基层群众自治组织以及新闻传媒等的社会利益表达功能，畅通和拓宽群众诉求表达渠道，依法及时处理群众的利益诉求。创新利益协调机制。协调是现代社会治理的有效方式。凡涉及群众利益的事项，按照协商于民、协商为民的原则，积极推动各有关方面同群众对话、沟通、协商，把民主协商的过程变为倾听民意、化解民忧，赢得群众理解支持的过程，预防和减少因缺乏协商导致决策不当而引发的社会矛盾。完善利益保护机制。当前影响社会和谐稳定的突出问题，大多是由群众利益受到损害引发的。必须建立健全党和政府主导的维护群众权益机制，及时准确了解群众所思、所盼、所忧、所

急，把群众工作做实、做深、做细、做透，统筹协调、妥善处理好各方面利益关系，帮助群众解决利益保护方面的现实问题。

服务体系：突出普惠型公共服务。建立政府主导、覆盖城乡、可持续的公共服务体系。不断完善社会保障制度，加快消除地区、行业、城乡之间以及个人身份之间差异的制度改革，从根本上调整社会心态、减轻社会压力、减少和预防社会隐患。突出文化教育、健康卫生服务，着力缓解供给不足与严重不平衡的矛盾。特别关注以住房、交通、能源、环境为主要内容的基本公共服务，满足人民群众生产、生活的基本需要。建立健全公共管理与服务体系，提高全社会公共安全意识和监控能力，建立安全稳定的社会环境。强化提升型人文服务。关注群众对政治参与的期待，充分调动社会组织、自治组织和群众参与的积极性。关注人民群众对公平正义的要求，加强建设高效、公正、权威的司法制度，维护司法公正，为人民群众提供公正、便利的司法服务。推进综合型社会服务。重视社会组织公共服务功能培育，迅速扩大社会组织规模，增强社会组织的成长能力，扩展社会组织的服务领域和覆盖范围。重视自治组织自我服务功能的提升，保护群众参与社会服务的积极性，增强人民群众的主体意识和社会责任感。要特别重视无歧视的差别化服务，尽可能满足不同层次、不同群体、不同类别的需求，让人民群众在综合服务体系中各得其所，各取所需。

机制体制：以人民为中心建设城市共享资源将主要体现在两个方面：一方面，了解城市居民的需要，响应城市居民的呼声，统筹土地、财政、教育、就业、医疗、养老、住房保障等领域资源，在共享资源的建设上听取人民的意见，在共享资源的配置上尊重人民的意愿，使共享资源为人民所需、所盼、所用，真正“推进市民化和基本公共服务均等化，提高人民群众获得感”①；另一方面，以顺应城市居民期待为引领，以提高居民生活质量为宗旨，以强化居民公共服务为原则，在共享资源的维护和使用上坚守为民之责，谋划富民之策，以保障城市居民权益为根本，兼顾促进城市经济发展和带动城市文化繁荣，让共享资源服务于现代化城市建设和发展要求。

（三）推进共享，多方资源动员

党的十九大报告提出：“要激发全社会创造力和发展活力，努力实现更高质量、更有效率、更加公平、更可持续的发展”②，这意味着，在现代化城市共享资源的创造中，应有效整合社会力量，发动多方积极性和主动性，让政府“有形之手”、市场“无形之手”和城市居民勤劳之手形成合力，协同合作完成共享资源的创造。推动各级力量创造共享资源的优势在于：一方面，促进政府—市场—群众三方良性互动，发挥行业企业和群众在资源建设方面的创新性与能动性，提高共享资源创造的效率和质量；另一方面，有助于快速形成共享资源的经济效益和社会效益，提升政府城市治理效能，激发市场活力，促进居民生活质量提升，达成城市发展的社会共识。例如，提倡深化

① 苏红键、魏后凯：《改革开放40年中国城镇化历程、启示与展望》，《改革》2018年第11期。

② 习近平：《决胜全面建成小康社会　夺取新时代中国特色社会主义伟大胜利——在中国共产党第十九次全国代表大会上的报告》，人民出版社2017年版，第35页。

“产教融合”，开发协同育人合作模式，以缩短人才培养路径，促进研究成果实时转化为目的，调动政行企校多方资源，将高校人才培养与产业转型升级结合起来，以促进教育共享资源的丰富和优化。又如，以推进供给侧结构性改革，实施创新驱动发展战略，培育壮大发展新动能为目标，有效促进地方政府、高校、科研院所、行业企业资源整合，联合共建创新创业孵化基地，这一举措有效促进了社会就业岗位资源增加，使营商环境资源更加优质，新兴业态发展空间更为广阔。此外，实施科学合理的共享资源社会管理需要研究设计“以发动群众、联系群众为主要内容的高度组织化形式，在回归其群众路线本源性精神实质的条件下，重新唤起城市公众积极参与的主动性、积极性”①。推进简政放权、放管结合、优化服务，提高政府效能的正确性与合理性，也进一步引发了关于城市共享资源社区化建设和管理的思考。

社区作为城市治理的“最后一公里”，也是党和政府联系群众、服务群众的“神经末梢”，大力推进城市社区治理协调机制的建设能够有效形成多方合力，推动基层交流，维护社会和谐。因此，在城市共享资源的社会组织管理上，需要进一步探索调动社区力量，发动社区民众智慧和活跃性，通过赋予社区居民在资源建设和管理中的知情权、参与权和监督权，促进形成“强国家—强社会”的国家—社会关系最优模式，进而实现城市的共治共管与共建共享。

统筹不同城市共享资源多元协同发展，我国城市工作五大统筹中提出的“加强对城市的空间立体性、平面协调性、风貌整体性、文

① 陈松川：《中国共产党城市管理思想探析》，《中国特色社会主义研究》2016 年第 6 期。

脉延续性等方面的规划和管控，留住城市特有的地域环境、文化特色、建筑风格等‘基因’”策略，可以在不断的历史变迁中，让城市留存下时空演变的印记，“一方面城市具有各时代所形成城市整体的共时性特征，另一方面又具有可以追踪其历史形成与演变过程的历时性特点”①。这意味着，生活在不同时间和不同区域的人们，创造出了不同的城市景观和风貌，形成地方特有的文化底蕴，也构建了一方土地上人们特有的共享资源。而在现代化城镇建设过程中，应该注重对这些特有的“共享资源”的保护，使这一资源得以延续留存并保持发展的活力。由于不同城市在资源、气候、人文等方面的差异，决定了当地居民需求不同、生产方式不同、资源创造和利用不同。因此，城市共享资源的创造和使用不能一概而论，而应该强调多元协同发展。

在资源的创造和使用上：一是应积极引导各个城市利用资源禀赋和区位优势，发展出地方的特色产业和主导产业，创造出具有区域独特性、满足地方居民生活、工作、学习多方面需要的共享资源；二是应注意保护延续城市文脉，提高文化引领作用，打造特色文化品牌，在城市建筑风格上注重历史与现代元素的兼容并蓄，关注对历史建筑格局和机理的传承，充分将地方传统文化和历史要素融合进共享资源，利用共享资源建设塑造城市集体记忆，厚植城市文化基底，丰富城市文化内涵，建设城市居民的共有“精神家园”；三是应根据城市现已形成的特有空间布局，以合理性、集约性、可达性为原则，科学配置公共服务设施，构建适合于不同城市空间构造的共享资源和中心

---

① 赵斌等：《城市“语迹”——关于城市特色空间塑造的研究》，《城市发展研究》2018年第8期。

景观，促进资源使用的便利化和高效化，避免出现资源的紧缺和浪费问题；四是应完善新老城区共享资源的协同机制，创新城市之间共享资源的合作机制，提高空间联系的紧密度和衔接度，有效引导共享资源的优势互补、协同并进，使共享资源更好地为提升城市居民生活质量，提高城市竞争力，推动城市朝向和谐宜居、富有活力、各具特色发展服务。

总之，“共建”和“共享”统一于“共治”之中。共建与共享之间并非自然和谐的，而是人为调整的结果。无论是共享财富财政，还是共享社会秩序，都需要由强有力的组织者来动员诸多的相关利益主体，这种动员不可能是强制性的，也不可能是交易性的，只能是合作性的，因此是复杂的多方合作过程。共建与共享的协调机制可以初步地概括为四个方面：第一，在共建中共享；第二，在共享中共建；第三，用共建促共享；第四，用共享保共建。共建、共享与共治实践的普遍性关系。共建、共享与共治实践之间具有内在的统一性。共治意味着公共权力不再能够垄断公共秩序的供给，也不能够单方面地实现公平正义，这本身也就呼唤社会的广泛参与，实现共建、共享。共建、共享与共治实践的特殊性关系。要实现共建、共享，它与社会主义制度的价值目标与中国共产党的基本宗旨有着更多的契合性。尤其在一个发展中国家，社会财富和财政实力不足，要实现社会的和谐需要更有力的社会动员，以替代技术和资金的不足。这就更加需要发挥出社会主义制度的优势。尤其对于社会转型剧烈的中国来说，各种社会矛盾潜伏，更加需要实现共建、共享的共治。

全民“共建共治共享”新理念是对社会主义共同富裕原则的重要发展，是实现中华民族伟大复兴的重要指导方针。提出构建全民

“共建共治共享”新理念深化了对于社会主义社会建设规律的认识，体现了决策层对于治理问题的高度重视。构建社会主义社会不仅需要分配上的公平正义，也需要基本秩序的稳定和谐，要实现这样的目标就必须推进社会治理变革，从管理的思维发展到治理的思维，构建现代化的国家治理体系。

第五章

城市建设处处见人：人民城市视阈下的空间改造与社区绿色环境治理

人民城市理念的提出是以人民为中心的治理现代化在城市空间推进的重要命题，其中生态环境治理是人民城市建设的底色，是“人民城市为人民”的重要体现。在治理重心下移的结构背景下，建立完善的社区环境治理体系是回答人民城市建设的重要命题。本书从空间视角切入，探索公共环境空间的改造与重构对社区环境治理的影响。从居民、空间和社区的“人民性”出发，发现居民对社区物理空间的规划与改造有利于唤醒居民自治意识，促进空间治理的生活性，通过增进居民交流与互动复建社会空间中的关系网络，从而加强居民的利益共同与情感联结，在社区场域中建构“共享”的虚拟空间，增促社区环境治理成效。而环境治理的衍生效应也会促进社区治理体系的完善和发展，最终形成真正意义上的社区共同体。

一、从实现空间共享到构建"共享感"空间

社区的物理空间是社区存在的外在形式，是社区形象的最直观展示，人与自然和谐共存是人的心理功能和谐发展的条件，美好的社区环境空间是其空间基础，"绿色空间"有利于帮助居民保持内心的安宁、愉悦以及平和①。而社会空间的生产是以物理空间为基础，人们在物理空间内活动交流，建立起社会关系。社区治理正是社区空间内众多实践行为与活动的重要组成部分，同时也促进了物理空间和社会空间的生产。随着社区治理的空间转向，公共空间对于社区的意义不仅局限于固定区域上的物理空间，空间治理手段的作用也远超出空间规划和改造所呈现的效果。与私人空间不同，公共空间成为社区环境治理的重要场域。

本章基于空间治理视角，将社区生态环境治理与空间相结合。尝试分析如何实现空间的物理属性到社会属性的转变，最后成为一个"共享感"的虚拟性空间，为团结社区居民，进行生态治理提供良好基础。

（一）物理空间的共享是社区环境治理的载体

首先，空间的物理属性构成社区的客观存在，是社区对外展现的

① 徐学林、刘莉：《空间正义之维的新时代城市治理》，《重庆社会科学》2021 年第 2 期。

存在形式，也是居民进行社会行动的空间载体。一方面，居民在固定的公共区域享有空间资源，满足其对日常环境的需求。在空间中进行活动的同时居民也在进行着社会互动和交流，固定的空间也增加了交流的频繁性和重复性，有利于建立社区社会关系网络。另一方面，一定的社区空间形塑着社区居民的日常行为方式和规律，形塑着居民的思维习惯和心理特征①。高质量环境空间给居民提供良好的环境设施，充分满足了居民的环境需求，而居住生活在更加优美的社区环境中的居民，面对高质量的环境空间的“框定”，会更注意自己在社区中的环境保护行为并进行适应性的调整以应对环境空间水平的提高，无形之中约束了居民的环境漠视行为和不合作态度，使居民自身能更好地在空间中行动和生活。而这种适应性的过程从最初的“被动”反射逐渐成为“习惯”行为，最终演变为“主动”行动。良好的环境空间布局和人文关怀的规划会影响居民的环境行动和环境保护思维，从无意识地遵循空间规则到有意识地创建空间质量。

（二）社会空间的生产是社区环境治理的动力

社区环境空间的物理生产的表征是社会空间生产的客观基础，也会形塑空间的社会生产。居民在主动参与规划和改造社区物理空间的同时，也改造着自身的精神世界，创生着各种社会关系，生产着新的社会生活领域和社会生活层面，社区文化也发生着潜移默化的变化。社区公共环境空间影响着居民的社区网络建构。社区网络建构依赖于

① 张勇、何艳玲：《论城市社区治理的空间面向》，《新视野》2017 年第 4 期。

居民的社会交往和互动，而社会交往的密度与频率和社区中公共环境空间的规划与布局密不可分，特定的空间安排可以为社会交往创造机会。环境空间“美观性”与“生活性”并存可以使环境空间的功能不仅仅局限于给居民提供美好的生活环境，更重要的意义在于为居民的活动轨迹从封闭隐秘的私人空间移动到公共空间提供了可能①。环境空间的人文关怀减少了社区的隔膜感，拉近了居民与社区的情感距离，增强了居民对社区的归属感和认同感。在公共环境空间中，居民通过对环境资源的共同享有而反复接触和聚集，营造了良好的社交环境。居民交流的时间频率增加，更愿意从角色沟通转变为人格化沟通，通过让渡隐私实现信息共享，跨越从陌生人到熟人的门槛，从而形成高质量社交网络和社区社会资本②。

（三）“共享感”空间的建构是社区环境治理的关键

通过物理空间中环境资源的共享和社会空间中对产生的社会关系网络的共享，居民在社区中衍生出利益共同体和情感共同体。居民对环境空间的自主参与和改造创造出符合居民需求和利益的环境资源，使环境空间真正做到为居民所用，增强了居民对社区公共环境的认同和维护，公共环境资源成为社区居民的共同“所有物”，在这个基础上居民拥有了物理利益上的共同感；另一方面居民在社会空间中创生

① 章思予、居敏峰：《从“生活在别处”到“诗意栖居”：城市空间与幸福感的关系探析》，《法制与社会》2012 年第 1 期。

② 熊易寒：《社区共同体何以可能：人格化社会交往的消失与重建》，《南京社会科学》2019 年第 8 期。

出自己的社区关系网络，居民之间的情感交流和联系增加，社区关系网络变得更为紧密和庞大，覆盖力度和关系深入程度增强，居民在日常生活中的闲暇交流增进了信息交换，特别是隐私八卦信息的传递，分享生活琐碎和八卦在一定程度上深化了居民对空间的情感体验，使居民形成对社区共同的主观认知，有利于“集体记忆”的建构①，促进社区情感共同感的形成。通过在空间中进行利益和关系的共享，居民产生情感共享，具有“共享感”的超越物理空间的主观意义空间便形成了。“共享感”空间的凝聚有利于构造社区“共同体”，为社区环境治理提供和谐、融洽、高度认同与主动参与的治理氛围。

二、当前城市社区环境治理的现实困境

（一）公共环境治理的价值理念偏离

观察之前的社区环境治理，会发现社区的环境治理仅仅局限于追求社区环境卫生的整洁，治理手段粗犷统一，如清理楼道杂物，制止乱丢乱倒行为、保持路面整洁和绿化、拆除违章搭建等。一方面，社区环境空间功能结构单一，没有考虑居民真正的需求。之前的社区环境治理打着建设美好社区为居民服务的旗号，实则只是满足了管理者迎合上级行政需要，在市容检查中获得“好看”的成绩，并没有真

① 王寓凡、杨朝清：《空间视域下高校学生社区情感共同体建设》，《中国青年研究》2019 年第 2 期。

正从群众的需要出发，考虑到居民对美好环境的认识和理解，违背了人民城市的理念。原本的公共空间因为建设美好社区的要求而被封禁，阻止居民踏入，试图通过减少居民活动而维持空间整洁，空间纯粹变为欣赏的景观，社区空间索然无趣，挤压了居民日常交往的空间载体。比如垃圾分类规定的时间点不符合居民的作息需求，社区垃圾分类仅仅拉个横幅，贴一些宣传标语，摆上分类桶就算垃圾分类全覆盖了，后续的监督管理和意识培养没有跟上，居民源头分类出现偏差，最终的结果和初心背道而驰，居民被迫跑到更远的地方扔垃圾且还是无效分类，物业和居委会增加了工作负担还引发居民的不满。这种治理的无效付出正是因为社区在执行政策时没有站在居民的角度思考问题。另一方面，在追求表面卫生的同时不可避免地会有强制拆除或取消的行为，如社区楼道或房屋旁边会有居民的“违章搭建”，虽然具有安全隐患和有碍美观，但该“违章”行为背后是居民的生活需要无法得到满足，在现实规章不允许的情况下居民无奈只能“越轨”来满足自身便利。而社区环境治理的粗暴式并没有体察每一处环境问题背后的深层根源，没有敏锐发现居民行动逻辑和环境的冲突，因而影响居民生活，伤害居民感情，引发居民不满。

这都是社区的环境治理逻辑与居民的生活逻辑相矛盾①，环境治理的价值向经济效益和行政绩效倾斜，环境治理人本性价值丧失，政策措施过多地介入居民的生活，从而影响居民的获得感、安全感和满足感。

---

① 何雪松、侯秋宇：《人民城市的价值关怀与治理的限度》，《南京社会科学》2021年第1期。

（二）公共环境服务的负外部性效应

社区公共环境服务是一项面向社区全体居民的公共服务，因此具有“公共物品”的特性：外部性，即任何人都不可能单独享有消费公共产品的好处。而创造社区美好的环境不仅要政府提供相关环境产品和服务，还需要社区中的居民自觉遵守社区规范，践行环境保护合作的实践。但由于公共环境的外部性特征，在环境合作行为中不可避免地会出现“搭便车”行为，一个人即使不遵循社区环境规范，为环境建设作贡献，也可以享受其他人带来的环境美好的便利。这种外部性最终会造成环境治理参与中的惰化效应，即人们不愿意付出时间、精力和热情参与其中，只想坐享其成。

另外，由于中国式小区是由集合式建筑空间和高密度的居住空间所形成的封闭社区，高密度的居住空间会造成因空间拥挤、资源紧缺而引发的各种城市病，表现在社区层面就是人与人之间的关系如居民邻里矛盾激增、人们相互之间不信任、心理问题严重等。大城市呈现出来的冷漠、疏离、无意义的个人存在和持续性紧张的气质侵染了社区的精神气质，邻里之间呈现出冷漠疏离的状态，随着社会转型血缘和地缘的空间被消解，随之而来的是空间的隔离，人与人的交往被围墙所阻隔，形成一片片“马赛克孤岛”，社区生活变得冷漠无情，在治理领域则呈现出一种高密度的陌生人社区状态[①]。这种社区缺少“熟人社会”具有的情感联系和关系联结，社区网络疏松，社区社会

① 陈进华：《中国城市风险化：空间与治理》，《中国社会科学》2017 年第 8 期。

资本存量低，居民在面对社区公共事务和社区参与时表现出淡漠感，居民自主治理的难度高，自然难以形成有效的集体行动，也就无法对环境这种公共产品产生治理成效。

（三）公共环境空间规划的便民思维缺乏

公共环境空间很重要的一部分便是其中具有的环境资源所蕴藏的环境效应，不仅有对环境设施的使用，还有居民对环境附加资源的享有权益。社区公共环境空间分布不均，空间规划不合理，空间布局破碎，会导致空间普惠性不足，公共性不强。布局破碎使社区空间的隔离感增强，从社区外部实在的封闭围墙演变为社区居民内部抽象的交流障碍，割裂居民之间的联系。分布不均和不合理使城市社区环境呈现空间分异，造成社区居民环境权利分化，社区环境治理面临着空间正义的问题。比如楼宇之间的公共场地与社区原有的公共环境空间界限不清，导致环境整洁水平参差不齐，“破窗效应”和两极分化现象严重，脏的地方越脏，好的地方越好，居民不公平感明显。居民产生环境剥夺感，导致居民出现分化，居民关系产生矛盾和隔阂，阻碍居民良好互动网络的构建，弱化社区凝聚力的培育和形成。

另外，社区环境空间出现同质化倾向，社区公共环境空间布局和规划大多很模式化和单调，为了方便建造和经济效益的考量，社区环境规划大多呈现一键式设计，① 很多设施和绿化都是流水线复制的产物，虽然整齐不易出错，但缺乏人文关怀和多样性的特点，也没有遵

① 杨建科等：《公共空间视角下的城市社区公共性建构》，《城市发展研究》2020年第9期。

循精细化治理的原则。环境空间治理粗线条和简单化，忽视了居民对环境需求的差异性和多样性，忽视了居民生活的平常景观和“日常空间”，没有聚焦居民的日常生活需求，忽视居民主体地位，环境改造只有美观意义而忽视了居民的“生活意义”，社区空间无法充满活力。

环境治理通常通过改造环境空间物理属性改变其布局和外观，使其具有美观性和可观赏性，从外表上提升社区容貌和品位，空间符号性和象征性意义强。但环境空间属于公共空间，也具有公共性和开放性，因此环境空间的建造及其设施应满足居民的“生活性”需要，从居民需求的视角对环境空间进行利用和改造，不能是环境空间承载的环境功能不仅没给居民提供帮助，反而成为居民生活的障碍，使居民无法真正享有社区环境资源，不仅造成空间资源的浪费，无法使环境空间发挥其最大效用，而且拉远了居民与环境空间的距离，情感上的隔离和漠然可能导致居民对社区环境的破坏和不合作。而让空间具有“生活性”自然离不开居民的自主参与和规划。

三、营造“共享感空间”的实体运行路径

上海市近年来在社区治理中紧抓生态环境治理作为其中的重要环节，深入贯彻人民城市理念。以人民为中心，保障人民的自治权，激发人民主动性与创造性，鼓励人民投入治理过程；以实体空间的整治与改造为抓手，为人民创造出满足生活真实需求的宜居生态环境；以建构社区共享理念为目标，促进居民之间的情感联结，实现社区虚拟

空间领域的开放性与共享性。以优化物理空间作为起点，为居民提供生活与社会交往的舒适场域，实现从物理性的实体空间向社会空间转变，在社会空间中达成情感联结，建构起一种虚拟性的“共享感空间”。

（一）意识唤醒：服务“公转”带动居民“自转”

人民主体性在社区生态环境治理中主要体现为居民自治。社区的生态治理工作是依靠全民力量进行维续和发展的，居民自治已经成为社区治理的重要内容。在参与社区生态治理的各项事务过程中不仅需要实践能力，同样需要一种治理和自己当家做主的意识。政府等组织仍是社区生态环境治理的主导者，是居民意识唤醒的主要力量，城市基层党组织的政治引领功能是社区公共性和公共领域规范、有序发展的重要制度基础。① 社区赋权给居民，提供均等的资源享用机会，容纳多元化的观点，同时为居民建立参与的空间，由为居民提供服务带动各方一起“公转”，再逐步下放权力到落实居民“自转”，先参与后自觉，由被动向主动转变，充分体现出人民的主体性地位，让居民自己做主，自己治理，自己规划。

上海宝山区实行党建引领家校社三方联动，从家庭单位延伸到学校合作，再到社会组织参与，让社区成为除了学校以外的另一个“大课堂”与“实验室”。采取党建引导+文化引领，将为党育人与社区治理各项内容紧密融合，把重心推向居民的“自转”，推出“社区

① 李友梅：《关于城市基层社会治理的新探索》，《清华社会学评论》2017 年第 1 期。

小先生制”，教育引导全区少先队员从小做起、从自己做起、从小事做起，带动家人参与社区治理、提供志愿服务，发挥积极作用。在环境生态治理方面，动员少先队员到社区报到，参加闯关任务，这一形式可至少带动全区 10 万年轻家长参与公共事务。采用游戏思维制作通关护照，设置闯关清单，最终以表彰等奖励形式回馈。其中有“最美清道夫”的组织性活动，组织者带领小朋友进行打扫卫生、清洁绿化带等文明创建活动，也实行相互监督机制来推动保持自家门口公共空间整洁，同时举办共同美化社区的活动，为居民提供参与的空间。目的是培育和践行环保和公共意识，从小朋友抓起，同时鼓励家长共同参与，以孩子推动家长，产生涟漪效应，进而把治理的影响度扩大到整个社区，形成点、线、面全贯通的治理机制。同时在陌生化的社区中，孩子之间友好互动关系的建立进一步推动成人之间的交往，在孩子的带动下，越来越多的居民会逐渐实现从被动参与到主动关心的转变。

长期以来，老人已经成为社区建设和志愿者活动的主力军，然而，社区对于儿童的吸引力还没有充分发挥，因为我们大多数的社区在规划和空间安排上，并不是儿童友好型的。当前的社区建设应当以老人和儿童为中心，以儿童为突破口，从空间安排上让社区居民跨越“熟人门槛”①。这是构建社区认同和街区认同的关键。孩子在中国家庭中普遍占据中心地位，“小先生”带动“大家长”这一项目精准抓住了社区中每个家庭单位的中心。年轻的父母因为工作和生活很少主动关心社区事务，家长们为了陪伴孩子和锻炼孩子的社交能力，被动

① 熊易寒：《社区共同体何以可能：人格化社会交往的消失与重建》，《南京社会科学》2019 年第 8 期。

参与到互动网络中，原本不相识的居民，通过孩子这一桥梁，重构了社会关系，增加了社区的社会资本存量。社区组织也更多地接触到了年轻的父母一代，这个群体文化程度相对较高，在增加了对社区治理的了解后，涌现出新一批的志愿者能人，为社区建言献策，带领社区生态环境治理项目有序进行。孩子通过环保教育和实践活动树立起生态环境保护意识，对于自身行为和他人行为产生监督和约束作用，间接提供了一种社区监督的有效机制。居民发挥主动性和创造性，人人有主体性意识，学会自己做主，自己当家，推动社区的整体性发展，把“自转”深入落实。

（二）实体规划参与：生态微空间改造与重构

把握好生活逻辑是贯彻人民城市理念的重要着力点，空间首先是生存的场域，是人类生活的栖息地，社区生态环境的治理必须从实体的空间中做起。同时，社区空间形态具有明确的社会性，空间是居民生活共同体的基础，居民之间的关系促进和对社区归属感的建立都需要中介和载体。建立“共享感”着重在于把小范围的公共空间作为切入点，在生态环境治理中融入公共空间的微空间改造，让“共享感空间”聚焦于小视野，再进一步推广到大环境，让实体空间的参与式规划与运行促进物理空间的社会属性转变。

1. 微空间大改造

社区环境治理中的一个重要内容是垃圾分类问题，这是一个涉及每个个体的利益行为，而垃圾厢房是垃圾的最终归宿，作为一个垃圾投放的公共空间，其效能和外观会影响居民进行垃圾分类的自觉性和体验感。上海市静安区的洛善社区为了补齐该社区的短板，对垃圾厢房进行了适应性功能改造。基于环保主题对既有空间进行功能分区，以此满足不同的任务需求，给空间带来更多的可能性。在改造过程中，立足居民对于社区环境改造的需求，联合居民、物业、业委会、保洁等多方主体，共同探讨和参与设计，摒弃了过去垃圾厢房仅具备暂存和压缩垃圾的单一使用功能，呈现出垃圾精细化分类、社区花园、居民休闲等功能分区，成立了“悠和绿站”，其中采纳了居民建议，塑造起“一米菜园”。传统的普通垃圾厢房华丽变身为一个居民乐于参与的社区公共空间，与此同时，利用开展环保主题游戏的形式积极引导居民树立环保意识，达到垃圾处理的高效率与环境整治的显著效果。居民对于垃圾厢房这一公共空间的认识发生了根本性的改变，垃圾的处理不再是物业的专职，环境保护是全民参与的义务，原本的消极空间呈现了积极再现，人人都变成了“规划师”。

垃圾厢房这一实体空间再造，从形式、外观和功能都进行了全方位的改变，焕然一新的全新形象对居民产生吸引力，从而间接约束了居民的不良行为。充分利用部分居民对于家庭种植的爱好和发挥厨余垃圾的肥料作用，建立新的菜园空间，在有效利用厨余垃圾的同时也激发了居民对于低碳健康生活的参与热情，从中获得归属感和参与体验感，对于公共空间也会有一种享有感，如同自己的个人物品，人人都有使用权，人人也都有保护的义务，并且在使用过程中，个体之间会产生相互监督，正是个体行为的相互制约形成了社区生态治理有序进行的规范化体系。这一空间中多元主体各司其职，业委会管理财政，必要时提供资金支持；物业公司为法定的制度管理者；小区的志愿者团队“花友会”负责所有绿植的种养维护，另一个环保志愿者团队“绿伙伴”负责监督任务。每个主体都有自己的治理角色，居民实现从社区中的“旁观者”转变为“规划者”。

2. 闲置空间积极重构

社区的生态治理不仅仅是环境的整治，也是空间规划与布局的有效利用。上海市静安区河滨豪园存在许多闲置空间，资源没有获得有效利用。为了积极传播和推广干湿垃圾分类方式，培养居民良好的分类意识，进一步提高垃圾分类率、改善小区公共卫生环境，打造绿色生活示范样板，聚焦未被合理利用的闲置空间资源——车库入口，将其重新塑造成一个可回收物的分类微空间。凝聚居民力量，把社会组织、居委会和高校多主体联合起来，以居民参与式规划为主，倾听居民需求，打造出一个大家共创共享的微空间。利用多种活动形式，促进社区美学提升，实现居民自己的空间由居民自己设计和规划。居民为空间题字，集思广益为空间取名，共同装扮空间布局。这一闲置空间的重构，一方面宣传了环保理念，将生态环境治理的主旨贯彻到底；另一方面促进了社区公共性的建立与共享感的进一步实现。

3. 绿色空间创新营造

城市的生态环境建设不光是对于河流、大气的管理整治，在有限的空间内，进行绿色生态空间规划同样是实现绿色发展的重要形式。上海市杨浦区积极践行生态文明建设要求，在社区中构造出绿色生态园，融合可持续发展理念和生态环境治理主旨，将微空间打造与社区营造相互结合，建设城市微型花园，提升城市公共环境建设和治理水平。百草园建于杨浦区四平路街道鞍山四村第三小区，是一个居民区内部自治型的社区花园，由街道提供资金，社会组织设计与管理，居民参与规划建设。居民把情感依附于公共空间，把自家植物带到花园与其他居民共享，组建“花友会”实现浇水、施肥、垃圾清理和布局的分工式日常运营，居民们亲手制作篱笆，使用生态化设施进行雨水收集，充分利用天然雨水资源浇灌植物，用厨余垃圾制作堆肥，激起各个年龄段不同群体的参与热情。不同于资本投资塑造的公共设施，社区花园凝聚了居民的智慧与成果，在专门化微信群的热烈交流中，居民之间的关系有了飞跃式进展，这不仅是人与人的和谐共处，更是人与自然的进一步密切接触。通过这一绿色公共空间的营造，环保与可持续发展的理念深入人心，居民的生态环境保护意识得到加强，极大地推动了社区生活的绿色化。

（三）情感关联：微力量集聚大团结

公共性是人民城市的重要特征，在社区中的公共性不仅体现在资源与空间的物质层面，还表现为居民之间的情感关联，在心理上建立一种共享的情感与联结是实现社区良性运行的重要基础。社区生态治理中的行动主体是居民，也是物业、居委会和其他社会组织。不管是对于普通大众还是精英来说，他们既是个体行动者，也是集体行动中的一员。社区治理是一个多元主体联合行动的过程，但个体行动是治理过程中最基础的形式，任何行动都包含了个体行动，精英的个体行动在社区治理过程中起到的引领作用至关重要，社会组织、政府与居民等多元主体之间的互动形成一种相互配合、联合行动的治理模式也是实现环境整治的最终有效途径。通过个体行动激发其他个体对于集体的情感归属，共同参与集体建设。

在行动中实现情感关联，情感上的团结反作用于居民的自主行动，当居民把共享理念贯彻到维护共同的生态环境这一行动中，社区生态治理的效果就会大大提高，社区就有可能成为真正的“共享感空间”。

1. “楼组小空间”延伸“大治理”

上海市宝山区的居民区规模偏大，高人口密度对应的却是居民之间的少来往。以传统的居委会主导开展治理存在很大难度，活力楼组的探索与实践成为一大突破。以楼组为单位，从小治理一步步走到大治理。楼组是家庭生活向社会生活迈进的第一步，是居民从户内家庭生活向户外社会交往的延伸空间。作为基层治理最微观的单元，楼组的治理作用能够对大范围的社区治理产生推广效应。在楼组内重构邻里关系，在家门口进行环境治理，体现出以楼组为基础的邻里性公共空间。使居民利益关联更加密切，通过党建引领对楼组公共环境展开自治行动。政府为楼组项目实施提供坚实的物质基础，居民自发策划治理方案，专业的社会机构对其指导，形成政府“搭台”，居民“唱戏”，第三方指导的有效模式①。突出治理重点，社区统一规划，以居民需求为工作导向，用优秀与典型自治案例引导楼组治理持续进行。这一模式充分体现文化引领和情感融合，深度落实提高居民主体意识。坚持自主导向，将全过程民主贯穿始终，以小单位的生态治理推动到全区的绿色建设。

作为特殊的公共空间，楼组是基层党组织整合社区资源的有效组

---

① 《上海宝山区：创新楼组微治理　激发社区新活力》，中国公益新闻网，2020 年 8 月 31 日。

织手段和载体，实现了基层社区组织生活的重构①。楼组这一自治单元的建构，将环境整治从家门口这个小范围做起，党员带领动员居民“做家务大扫除”行动，将个体行动推广到全楼组行动，个体联合起来对公共空间进行改造和完善，使社区生态环境治理开展更加组织化和有序化。聚焦楼组环境问题成为全社区生态治理中的一个关键步骤，在楼组长的带领下，各住户针对楼组中公共空间堆物、墙面不整洁等问题进行整治的集体行动，在心理上和行动上都形成了一种凝聚与团结。有了政府和社会组织的支持，居民自治拥有“后盾”，把话语权交给居民，真正体现人民城市人民建的理念。

2. 社区达人引领居民行动

上海浦东区开发30多年来，城市经历高速发展，集聚了身份背景、性格阅历、价值观念和行为习惯不同的居民，为社区治理带来了问题和难题。作为一个新区，容纳了来自五湖四海的个体，传统的以单位、自然村落为载体的熟人社会在这样一个新区是不存在的，社区的邻里关系越来越疏远。作为社区治理的主体，居民对于社区的认同感和归属感不强，参与社区公共事务的热情不高，参与的机会、渠道和平台也十分有限。浦东新区深入贯彻习近平总书记关于人民城市的重要理念，坚持人人都是软实力，人人展示软实力，从2020年开始在全区范围内组织开展了社区骨干的征集和推广活动，深入发掘活跃在社区里的达人，发挥其正向激励和示范作用，引导社区居民群众共同参与社区治理，激发社区治理的活力。把人人参与的口号变为实

① 王德福、张雪霖：《社区动员中的精英替代及其弊端分析》，《城市问题》2017年第1期。

践，进行项目化运作，深入发掘社区治理骨干，区文明办、区民政局、区团委等部门联合推进。每年征集活动启动后，街镇积极参与，长期以来，培育了一批为社区居民起激励和示范作用的社区能人，在环境保护、环境美化、垃圾分类等社区生态治理项目方面起带头作用。共建共享的理念更加深入人心，社区达人的品牌打造在学习强国、哔哩哔哩等互联网平台上被更多人关注，居民看到为社区作出贡献的达人，纷纷表示感谢，同时也在行动上做出回应，使更多人关注到社区家园的生态治理。在社区党组织的带领下，社区居民原本因工作性质而被限制的社交圈得到扩展，冲突得到缓和，居民关系得到进一步发展，更多居民主动参与社区事务与合作，陌生化的社区逐渐建立起了“共享感”。

3. 社区动员基于三个运作机制

三个运作机制包括：发现和识别机制、激励机制和二次动员机制[①]。首先，社区开展社区达人选拔活动，鼓励党员、退休企事业单位人员以及各种具备某些特长的社区积极分子参与，在比赛中展现自己对于社区治理的想法与领导能力，让更有才干和潜力的达人脱颖而出，获得自我价值实现的机会。其次，采用激励机制以此激发和保持积极分子的参与热情，对其进行有效的物质及价值肯定，让他们在为社区作贡献的过程中不但收获和谐的社区交往关系，也获得良好的社会名誉。最后，二次动员，利用社区达人对居民大众进行参与社区治理的引导与引领。由于社区达人本身就是社区居民，在社区中处在社交关系网络中，在动员居民时具有人情优势，更容易被普通居民所接

① 程志超、王斯宁：《基于角色认同的虚拟社区用户活跃行为综述》，《北京航空航天大学学报（社会科学版）》2017年第2期。

受。社区达人不是独立行动的个体，他们是带领大众行动的引路人，是动员全社区参与家园共建的倡导者，用自己的实际行动对其他居民产生心理“刺激”，激发其参与意识与志愿精神。社区的生态治理是一项长远并且持续的工作，短暂的治理效果并不能维系居民共同家园的可持续发展。所以建构社区共同体迫在眉睫，首先要从公共服务的共同生产入手，让居民成为服务主体也是被服务对象。通过参与到社区生态治理过程中，居民付出了成本，而环境的美化和社区人情味的增加就是对于他们的回馈。只有在情感上和意识上产生联结与共享，社区的实体性公共空间才能成为建设社区共同体的载体，成为居民心里真正意义上的“共享感空间”。

四、“共享感”的建构生成逻辑

在产生一种情感或做出行动之前，人首先要对自己的身份与社会角色有一个清晰的认知，居民明确自我的主体性地位是行使自治权利的基础。社区在居民心中的定位也是影响居民行动的重要因素，当居民对于社区的属性认知超越了生活空间，成为社会空间甚至情感归属地时，就会自发地为社区发展付出行动。要建立共享感，社区治理运行背后的组织力量同样是十分关键的，居民的权利需要有保障，居民的未来也需要被引领，参与式规划既体现了居民的主体性地位，让人民有参与感，也保证了社区规划的专业性。另外，居民之间的关系由利益互惠向情感联结转变正是社区情感共同体和共享感理念建立的基础。在社区中，有认同才会参与，有交往才会联结，有联结才能共享。

（一）增强居民自转力：从角色认同到“家”的空间认同

角色认同包含了与某一角色相对应的内在意义以及人们对该角色的期望，从而人们可以凭借角色认同的描述承担相应的角色。在角色认同理论中，角色被认为是认同的基础，人们在社会中扮演着各种各样不同的角色，个人的行动依据是他人对自我的判断和评价，在这一过程中逐渐形成对自我的认知，社会为个人充当的角色提供了认同和实现自我的基础①。对于处在社区中的个体来说，居民是其主要角色，每个人在社区中共享环境，在公共空间使用权上都居于主体地位，但是居民这个角色在个体的生活中经常被家庭、工作的其他角色所掩盖，由此容易造成自我对于居民角色的权责不清，存在很多顾小家而忘大家的现象。居民的角色认同在社区治理过程中具有关键性作用。人首先要理解自己的角色、自我概念在社会组织中的意义，这些进而会影响自己在社会中的行为。认清角色定位，让居民对于自我角色和自治权利有清晰的认知，才能发挥人民的主体性地位，做社区真正的主人。

居民的社会互动正常有序进行的前提建立在一个大家共同认可、在客观上可以进行共享的意义符号系统之上②。社区承载着各种交往的介质，在公共空间中，居民能够获得物质和情感上的资源交换。社会交往把人与人联结起来，组成一个网络，其中的有序性要靠一种空

---

① 张宇：《论角色认同的重新定位》，《求索》2008 年第 3 期。

② 钱媛媛：《米德符号互动理论视角下的社区公共空间营造策略》，《建筑与文化》2020 年第 9 期。

间认同维持下去。空间是社会关系的产物，不仅仅包括物理性概念，同样也包含了其中的文化、价值、规范等内容。从这个意义上来说，居民对于社区的空间认同一方面从情感层面上表现为把社区当作一个“大家庭”，每个个体都有对于家的归属感；另一方面是对于社区的规章制度和特有文化的认可，愿意服从规范下的统一管理。从角色认同到对于“家”的空间认同是对居民本身所有的权利与义务的明确，是对社区的情感依附，是为社区生态环境整治作出贡献的价值基础。认同与参与是一个循环往复的互构过程，不管是角色认同还是对于社区的认同都会促进居民的参与行为，同时在参与过程中建立起认同感。持久性参与机制要以认同为核心动力，让社区生态治理的生命力长久不衰。

（二）打造空间生活性：从“为民规划”到“居民参与式规划”

城市是人民的城市，社区是居民的社区。社区不仅是生存的物质空间，还是个体情感归属的精神空间，其生态治理总体出发点是为了人民拥有更好的生存环境，发挥居民自主权与倾听人民的自主需求是人民当家作主的必然要求。在社区中，各个组织包揽环境整治工作，规划人民社区环境的治理这种模式在效果上有所欠缺，无法从根本上解决问题，居民的环保意识不能得到真正提升。各个活动的开展都依赖于居民的参与，缺少参与环节，政府政策的落实、社区和社团的各项服务难以“落地”，居民各种权利和利益乃至作为微观生活共同体的“活力”也难以得到完全的彰显①。为社区环境整治出力不仅仅是居委会和物业的责任，通过对话、协调与合作才能在更大程度上实现公共利益。“人民城市人民建”所体现的核心思想是人民是城市的主人，是自己家园的规划者，所以要达到最好的治理效果就是引导居民参与到社区环境规划中。居民的自主参与是社区治理的内生动力，让居民做社区的规划者和行动者意味着更要关注居民的感受度，不再单向度一味实施整治措施。建立公共性是社区治理中一直强调的重点，公共性是基于一种共识与凝聚机制相互作用所产生的，而居民之间所达成的共识与凝聚必然是建立在需求的同质性基础之上，将不同个体的共同需求协调一致，融入社区生态环境的规划中，让居民有所为、有所感，亲身投入生态的维护。只有真正参与到空间规划过程中，才会建立起领域感和共享感。居民对于自家门口环境治理的想法和需求能够得到表达和实现，能够更加自主维护和建设公共空间，创造自己的理想家园。

（三）构建社区共享感：从居民互惠到社区联结

社区的生态环境是涉及每个个体生存机制的重要因素，大空间的维护需要个体力量的积累。然而个体对共同环境的保护这一行为一般需要经历三个过程：刺激、反应和强化。首先，生存环境的现状或者他人的行为会对居民产生一种刺激效果，环境的脏乱让其心理不适，进而为了个人利益不得不做出环境保护的反应，同时，他人的

① 袁方成：《增能居民：社区参与的主体性逻辑与行动路径》，《行政论坛》2019 年第 1 期。

带头行动也会引导其他个体的行为。在对环境做出保护行为之后，居民得到的回馈是生存条件的优化、心理的满足和还有他人的肯定，这一系列的行为结果对于个体形成了复杂的刺激，这种刺激会对个体行为进行强化，由此产生该行为再次发生的可能。社会是一个利益流动的网络，生活在同一个社区的居民之间因为利益关联而形成了一个整体。对于绝大部分居民来说，参与到社区的环境治理中是出于理性选择，是对自我需求和利益的满足。作为一个社区生活共同体，利益的实现离不开互助与合作，保护共同的生存环境更是一种互惠策略，居民参与社区环境治理使共享的空间得到整治和美化，更加有益于个体和集体。基于利益杠杆的互惠策略是社区治理的日常运作逻辑，依靠各种利益往来能够满足社区治理的基本需求。然而这并不是一种长久之计，社区的未来发展必定是建立在居民之间良好关系的基础之上。

居民在社区中的社会资本具体可表现为与其他居民的关系、互惠规范和对他人的信任，这些要素可促进居民产生参与公共事务的热情和意愿。因此，居民的社会资本存量会影响居民的参与偏好与行为，重视居民的关系网络十分关键。社区中各个主体参与环境治理的互惠互利是对于这一本身措施必要性的认可，同时也是一种情感联结。居民生活在共同的大空间环境下，情感表达需要通过空间来实现，同时空间会对情感的体验造成影响①。人是知情意的复合体，社区居民基于兴趣、利益、情感等联结在一起并形成相互支撑的非正式共同

---

① 戴伟、陆文萍：《情感、空间与社区治理："占地种菜"现象的实践与思考》，《山东农业大学学报（社会科学版）》2020 年第 4 期。

体①，维持这一共同体的机制是一种群体心理，是一种情感共识与价值认同，体现个体之间紧密的社会联系。共享感是个体发自内心地愿意与他人生存在同一个空间环境下，这种情感的建立必然是以联结与交往为基础，促进居民之间的关系和培养居民对生活共同体的公共意识是建构共享感的关键。从互惠走向联结，是从利益向情感的转变，居民之间的关系越发密切，进一步有意识地塑造群体认同，才能将社区的一个个小分子汇聚成团结的共同体，达到社区生态治理的最佳效果。

五、结论与讨论：迈向共享空间的社区环境治理之道

以往的社区环境治理的理念和实践存在治理价值理念偏离，公共环境空间缺乏人民性，没有契合环境服务特点等问题，但随着人民城市理念嵌入和治理现代化推进，社区环境治理出现转型。上海市深刻把握人民城市理念的内涵，将社区生态环境治理立足于突出人民主体性地位，从改造社区环境物理空间入手，充分认识到空间的可塑造性与发展的潜能，让居民参与到自身生活的环境空间的改造与重构中，通过居民在空间中的生产改变空间表征，在这个实践过程中触发居民的交流与互动，复建社区关系网络，形成利益共通与情感联结。在社

① 郭根、李莹：《城市社区治理的情感出场：逻辑理路与实践指向》，《华东理工大学学报（社会科学版）》2021年第2期。

区环境治理中让治理回归生活逻辑，构建居民真实需要的生活空间，为居民打造一个宜居、乐业的社区生活环境。环境治理的维护和建设需要社区居民的共同努力和合作，从空间入手构建“共享感”空间契合了环境治理的内在机理，让居民有生存和交往的良好条件，才能促进对社区空间的认同，打破与空间的情感隔阂，从而促进社区社会空间的产生与发展，构建社区利益共同体和情感共同体，营造“共享感空间”的社区氛围，最终实现形成社区的共享性目标。本书希望通过对社区环境治理的研究，为其他领域的治理提供参考方案，为人民城市更深刻的理解和更细化的操作提供经验并践行“人民城市人民建，人民城市为人民”的价值理念，让人民认识到自己的主体地位，保障人民的参与权利，从而构建社会治理共同体的新格局。

第六章

“双碳”目标：全面推进上海城市绿色高质量发展

2020年，中国在第七十五届联合国大会一般性辩论上提出在2030年实现碳达峰承诺。在气候雄心峰会上，习近平主席进一步宣布：“到2030年，中国单位国内生产总值二氧化碳排放将比2005年下降65%以上，非化石能源占一次能源消费比重将达到25%左右，森林蓄积量将比2005年增加60亿立方米，风电、太阳能发电总装机容量将达到12亿千瓦以上。”[①] 自此，“双碳”目标作为战略决策被提到了议事日程。作为特大型城市的上海，“双碳”也是城市生态高质量发展的目标。

国务院印发的《2030年前碳达峰行动方案》，要求深入贯彻习近平生态文明思想，立足新发展阶段，完整、准确、全面贯彻新发展理念，构建新发展格局，坚持系统观念，处理好发展和减排、整体和局部、短期和中长期目标的关系，统筹稳增长和调结构，把碳达峰碳中和纳入经济社会发展全局。

为认真贯彻落实党中央国务院关于碳达峰碳中和重大决策部署，

---

① 习近平：《继往开来，开启全球应对气候变化新征程——在气候雄心峰会上的讲话》，《人民日报》2020年12月13日。

科技部、国家发展改革委等九部门共同编制印发了《科技支撑碳达峰碳中和实施方案（2022—2030年）》（以下简称《实施方案》），《实施方案》统筹提出支撑2030年前实现碳达峰目标的科技创新行动和保障举措，并为2060年前实现碳中和目标做好技术研发储备，为全国科技界以及相关行业、领域、地方和企业碳达峰碳中和科技创新工作的开展起到指导作用。《实施方案》共提出“十大行动”。

为此，需要我们提高战略思维能力，把系统观念贯穿“双碳”工作全过程。从长远看，实现“双碳”目标有利于实现经济高质量发展和促进生态环境改善。

一、加强生态环境保护，使人民群众有更多的获得感、幸福感和安全感

“以人民为中心”是人民城市建设的价值立场，城市一切发展成果在根本意义上属于人民，生态文明建设成果也是如此，从根本上说，是为了满足人民的美好生活需要。

从上海的情况看，“十三五”规划期间，环境保护方面取得了令人瞩目的成果，具体包括：

（一）污染防治攻坚战成效显著

根据国务院发布的《关于全面加强生态环境保护坚决打好污染防治攻坚战的意见》精神，“十三五”期间，上海在蓝天、碧水、净

土保护方面做了大量的工作，取得了阶段性的成果。蓝天保卫战方面，在2017年底全面取消分散燃煤基础上，全面完成中小燃气（油）锅炉的提标改造，燃煤电厂全面实现超低排放；累计完成挥发性有机物（VOCs）治理3262家；实现车用柴油、普通柴油、部分船舶拥有“三油并轨”，上海港率先实施船舶低排放控制措施，到污染车辆排放、新能源车推广、非道路移动机械污染治理等都走在全国前列。

在水污染防治方面，作为河网密布因水而兴的上海，在河道的整治方面做了很多努力。具体来看，一是从源头削减污染物的产生和排放。2017年6月，上海市经信委、上海市环保局出台了《水污染防治十大行业清洁化改造推进方案》，在本市用水量大、污染物排放量大的农副食品加工、原料药制造和电镀等行业，推广使用先进适用清洁生产技术，实施清洁生产技术改造；持续推进现有工业企业向工业区块集中，优先淘汰饮用水水源保护区和准保护区内的污染企业，优先调整工业区块外的危险化学品生产企业、使用危险化学品从事反应型生产的企业以及污水直排企业，从源头减少废水、化学需氧量等污染物的产生和排放。

二是积极完善水污染治理体系。首先优化了全市城镇污水处理系统布局，加快污水收集管网建设，重点加强老镇区、城乡接合部等人口集中地区以及城中村等薄弱区域的水污染治理，提高城镇污水处理能力及水平。同时，充分运用市场机制，鼓励社会各类投资主体参与水污染治理和环境基础设施建设，建立治水激励机制，对水环境质量优先改善、环境基础设施建设提前完成的区县予以奖励。

三是建立完善河长制。2017年，上海出台《全面推行河长制实施方案》，创新建立市—区—街道三级河长监管制度。按照党政同责和一岗双责要求，建立了更加严格清晰的管理分级责任体系。其中，市政府主要领导担任全市总河长，市政府分管领导担任全市副总，区、街道主要领导分别担任辖区内区街镇的总河长。各级河长对本区域的河道治理承担主要责任，形成一级抓一级、层层抓落实的工作局面。

由此，使地表水主要水体水质得到改善。全市主要河流断面（259个）水环境功能区达标率为95%，较2015年提高71.4个百分点，优Ⅲ类断面占比74.1%，较2015年上升59.4个百分点。全市3158条段河道按计划实现全面消除黑臭的目标，4.73万个河湖2020年底基本达到消除劣Ⅴ类水体目标。

净土保卫战方面，自2019年始，上海市生态环境局、上海市规划和自然资源局发布了《上海市建设用地土壤污染风险管控和修复名录》，强调列入《名录》的地块应依法实施土壤污染风险管控、修复，禁止开工建设任何与风险管控、修复无关的项目，不得作为住宅、公共管理与公共服务用地。从效果看，已经完成了南大、桃浦等重点区域土壤修复试点。

垃圾分类攻坚战方面，明确垃圾分类事关群众生活环境改善，事关绿色可持续发展大局，要求发挥开路先锋、示范引领、突破攻坚的作用，更好地为全国积累经验。在全国率先出台生活垃圾分类方面的地方性法规，即《上海市生活垃圾管理条例》，全面开展生活垃圾分类、收集、运输和处理装置处置，全程分类体系建设基本完成。

（二）环境基础设施能力水平得到提升

针对生态环境方面存在的问题，有关部门加强环境基础设施建设。

至2020年底，全市完成31座城镇污水厂提标改造和17座污水厂新扩建工程，净增污水处理规模70.65万立方米/日，总处理能力达到840万立方米/日，城镇污水处理率达到97%左右；完成10个污泥处理项目，净增设施规模426.8吨干污泥/日，全市污泥设施规模突破1000吨干污泥/日。完成1700余个直排污染源截污纳管、54座雨水泵站的截流改造和约1.8万处雨污混接改造。实施40.8万户农村生活污水处理设施改造，全市农村生活污水处理率达到88%。

大力推进郊区林地和城区公共绿地建设，外环生态专项工程全面建成，黄浦江两岸45公里公共空间基本贯通开放，七个郊野公园先后建成开放，人均公园绿地面积达到8.5平方米，全市森林覆盖率达到18.49%。

（三）推动绿色高质量发展取得一定成效

规定并严守生态保护红线，坚决守牢生态资源环境底线，完成低效建设用地减量66.8平方公里，减出来的土地主要用于生态建设。坚决淘汰“三高”落后产能，“十三五”以来，全市累计完成市级产业结构调整项目5908项，实施产业结构成片调整重点区域51个，实现铁合金、平板玻璃、皮革鞣制全行业退出。

严控煤炭消费总量，全市煤炭消费总量占一次能源比重从37%下降到31%左右，非化石能源占比达到17.6%。推广新能源汽车36.4万辆，集装箱铁海联运达到26.79万标准箱。推广绿色建筑总面积2.33亿平方米、装配式建筑1.5亿平方米，推广力度全国领先。按照种养结合、生态循环的理念，加快推动农业生产方式转变，全市畜禽粪污综合利用率达97%。

（四）生态环境质量明显改善

尤其在老百姓特别关注的大气质量方面，近年来，上海积极加强大气环境治理力度，改善环境空气质量。一是不断降低主要大气污染物的排放量。2014年上海出台《上海市大气污染防治条例》，围绕能源产业交通建设等重点领域推进大气污染防治工作，如提升天然气、风能、太阳能等清洁能源的供应比例，减少化石能源对大气的污染程度；全面推进钢铁电力石化化工等重点行业改造，加强工地、道路、码头、工业企业扬尘污染防治与管理，全面推广绿色建筑等，降低主要大气污染物的排放量。因此，在人口、经济、能源消耗持续增长的同时，主要污染物排放大幅削减，环境质量持续改善。经初步核算，全市2020年化学需氧量（COD）、氨氮、二氧化硫和氮氧化物四项主要污染物排放量分别较2015年削减68.1%、38.1%、46.6%和28.2%，均超额完成国家下达的减排目标。①

二是推进挥发性有机物的排放治理，精准防治$PM_{2.5}$。上海第五轮环境保护行动计划将协同控制$PM_{2.5}$排放纳入总体目标，进一步深化机动车污染控制，坚持公交优先战略，继续提高新车排放标准，全面推进机动车环境标志管理，推广新能源汽车实施工业。对挥发性有机物进行总量控制和行业控制。进行低挥发性有机物含量产品源头替代工程，进一步加强扬尘和餐饮业油烟气污染控制。同时完善$PM_{2.5}$监察体

---

① 上海交通大学中国城市治理研究院、上海市人民政府发展研究中心：《新时代城市治理之路："人民城市"上海实践》，上海人民出版社2021年版，第178、179页。

系，并按照国家要求适时公布环境空气质量指数，也就是 AQI。据统计，全市 2020 年细颗粒物（$PM_{2.5}$）年均浓度为 32 微克/立方米，较基准年 2015 年下降 36%；AQI 优良率为 87.2%，较 2015 年上升 11.6 个百分点。

上述环境治理带来的结果有目共睹，提高了人民群众的获得感、安全感和幸福感。

二、促进经济社会高质量发展，不断满足人民日益增长的优美生态环境需要

中国特色社会主义进入新时代以来，随着我国社会生产力水平明显提高，人民生活显著改善。尤其在上海，随着人们的物质性需要不断得到满足，开始更多追求社会性需要和心理性需要，如期盼更好的教育、更可靠的社会保障、更高水平的医疗卫生服务、更舒适的居住条件、更优美的环境、更丰富的精神文化生活等。人民的环境权益需求已经被提到较高的位置，所以通过高质量发展，满足人民对优美环境的需要成了“人民城市”建设中十分重要的一项任务。

而从现实的情况看，聚焦“双碳”发展目标，要实现碳达峰碳中和，可以说机遇与挑战并存。从全国的情况看，机遇是显而易见的。尤其从长远看，可以促进经济社会和生态环境的高质量发展。主要包括：

倒逼产业转型升级，提高经济增长质量。我国供给侧结构性改革前期的主要任务是“三去一降一补”，几年来取得了明显的成效，尤其

是钢铁和煤炭领域去产能之后，行业发展开始呈现新的面貌。“双碳”目标将推动我国工业制造业尤其是初级制造业向绿色低碳转型升级，并将大大增加绿色发展相关新技术的研发投资，巩固我国在此领域的优势地位。

加速我国能源转型和能源革命进程。根据国家统计局数据，随着中国持续进行能源低碳转型的努力，高碳排放的煤炭消费占比由 1980 年的 72.2%下降到 2020 年的 56.8%；零碳排放的可再生能源发电占比由 2010 年的 1.7%提高到 2020 年的 11.5%。未来，可再生能源特别是新能源将被大规模开发利用，逐步取代传统化石能源在能源体系中的主导地位。通过大幅提升能源利用效率和大力发展非化石能源，逐步摆脱对化石能源的依赖，在倒逼能源清洁转型的同时也保障了我国能源安全供应。

加快高耗能、重化工业等产业去产能和重组整合步伐。至 2020 年，我国第二产业增加值占 GDP 比重为 37.8%，并且，在第二产业中，钢铁、建材、石化、化工、有色金属、电力等高耗能的重化工业占比仍然较高。“双碳”目标的提出，将使高耗能企业的产能扩张力度受到较为严格的碳排放限制，产能退出和压减速度加快。而且，产业内技术、设施更为先进的龙头企业有望进一步占据竞争优势，兼并重组整合趋势加强。

有利于打破“碳壁垒”，推动产品出口。从本质上看，碳关税是一种绿色贸易壁垒，其产生的根本原因在于全球的产业竞争，应对气候变化带来能源和产业的革命，导致利益格局的重新分配。未来，在碳减排倒逼下，为满足本国环保团体要求并保护本国产业，部分国家或将碳减排与贸易联系在一起，动用“碳壁垒”、严格审查发展中国家基础设施投资的可能性增大。我国提出“双碳”目标，可打破“贸易壁垒”，消除出口产品被征收碳税的潜在风险。[①]

然而，对上海来说，困难也是显而易见的。尤其“十四五”期间，我们在生态环境保护方面面临新的形势，带来了很大的挑战。

一是生态环境保护面临新变局，这个变局包括世界百年未有之大变局叠加疫情常态化，我国发展的内部条件和外部环境正在发生深刻复杂变化，不稳定性、不确定性明显增强，需要努力探索协同推进、高质量发展和高水平保护的新路径。

二是环境污染防治进入新阶段，$PM_{2.5}$、富营养化等传统环境问题尚未得到根本解决。臭氧、持久性有机物、环境激素等新型环境风险逐步凸显。碳达峰碳中和又对加强应对气候变化和生态环境保护提出了新要求。环境问题将处于新老交织、多领域化的复杂阶段，更加需要在强化源头防控、加大低碳绿色发展和加强多污染物协同控制上下大力气。

三是实现绿色高质量发展提出新要求。积极应对气候变化、长江大保护、长三角生态绿色一体化发展示范区建设等国家战略，以及加快形成以国内大循环为主体、国内国际双循环相互促进的新发展格局，都需要上海在转变生产和生活方式，推进绿色低碳转型、创新污染治理技术、提升环境治理能力和水平等各方面继续走在全国前列。

事实上，近年来上海正从多个方面做好碳减排工作。包括完善各部门、各领域工作协调机制，生态环境局与发改委、经信委、交通

① 刘满平：《“双碳”目标带来的机遇与挑战》，《经济日报》2021年5月27日。

委、住建委和金融等部门通力合作，加强顶层设计、系统谋划、稳步推进；按照碳达峰碳中和的相关要求，抓紧与“十四五”能源、产业、交通、建筑等相关专项规划的衔接，在“十四五”期间推进落实；抓紧出台本市碳达峰行动方案，明确达峰的目标和技术路线，细化重点行业和区域相关举措；加强国际国内合作，开展科技攻关，大力推进绿色低碳技术开发应用和产业发展；此外，加快推进全国碳市场建设，大力发展绿色金融，努力把上海建成国际碳金融中心。目前上海正积极组织编制碳达峰行动方案，加快推进全国碳排放权交易机构建设，推进崇明碳中和示范区建设，同时持续推进各类低碳创建。

具体来看，立足新发展阶段，亟须统筹推进经济社会全面绿色转型，从全局高度找准各行业低碳发展的重点方向，加快推动能源消费达峰，形成节约资源和保护环境的产业结构、生产方式、生活方式、空间格局，加快推动产业结构、能源结构、交通运输结构、用地结构的调整。

（一）持续推进产业结构的转型升级

一是优化产业空间布局。根据上海市人民政府《关于本市“三线一单”生态环境分区管控的实施意见》的要求，基于生态保护红线、环境质量底线、资源利用上线，以生态环境质量改善为目标，通过划分环境管控单元，制定生态环境准入清单，把生态环境管控要求落实到具体区域的管控单元。在2020年初步建立覆盖全市的“三线一单”生态环境分区管控体系基础上，到2025年，完善“三线一单”生态环境分区管控体系，建立“三线一单”政策管理体系和数据共享应用机制，形成以“三线一单”成果为基础的区域生态环境评价制度。据此做好企业的布局调整工作。

二是推进传统产业绿色升级。首先，以钢铁、水泥、化工、石化等行业为重点，积极推进绿色化改造，深化园区循环化补链改造，利用新技术助推绿色制造业发展，实现现有循环化园区的提质升级，引导创建一批绿色示范工厂。推动上海嘉定工业园区、临港装备区等重点园区创建绿色示范园区。其次，以清洁生产一级水平为标杆，引导企业采用先进实用的技术、工艺和装备，实施清洁生产技术改造，推进化工、医药、集成电路等行业清洁生产全覆盖，推广船舶、汽车等大型涂装行业低挥发性产品替代或减量化技术。

三是推进绿色农业高质量发展，着力打造低碳乡村助力乡村振兴战略。为此，要深入推进农业供给侧结构性改革，加快构建绿色低碳农业种植业结构和农村产业结构，优化农业区域布局，控制高消耗、高污染、高排放的种养业和产业，把农业结构布局与重塑生态环境结合起来，加快培育农业绿色发展的新平台、新业态，为节能减排提供新动能。另外，要加快推进高效生态循环农业发展，把发展高效生态农业作为现代农业的重要业态，作为绿色发展的主要模式，作为低碳减排的重要举措，特别要加强畜禽、废弃物、农作物秸秆资源化利用，全面实行秸秆资源化综合利用和农膜、农药包装物回收行动，向生态高效循环要减排、要低碳。还要大力推进农业农村绿色技术创新与应用，加大绿色肥料技术、农产品加工技术的创新与应用，运用绿色技术改造传统产业，在长江经济带和黄河流域建设一批农业污染综合治理示范县，推广农作物病虫害绿色防控技术与产品，发挥农业产业化龙头企业的带动辐射作用，打造全产业链和生态链。①

（二）优化调整能源消费结构

推动能源低碳转型是实现“双碳”目标的首要任务。能源生产和消费是碳排放的主要来源，实现能源低碳转型是碳减排的最大动力。

一是严格控制煤炭消费总量，加快推进清洁能源替代。一方面，严格控制工业用煤，确保重点企业煤炭消费总量持续下降。在确保电力供应安全前提下，合理控制公用电厂用煤。同时，加快天然气产供储销体系建设，加快推进上海第二 LNG 项目建设，积极争取国际国内气资源入沪，进一步形成和完善国际国内、海上陆上、现货长协多气源联保联供格局。

二是提升重点领域节能降碳效率。一方面，完善并发挥好能耗“双控”制度，进一步提高工业能源利用效率和清洁化水平。要实现碳达峰的目标，需要我们在电力、钢铁、有色、建材、石化、化工等重点行业能源利用效率达到或接近世界先进水平。另外，需要在建筑领域推进低能耗建筑体系建设，推广建设绿色建筑打造绿色城市。这里，首先要强化绿色建筑顶层设计，建立健全工作机制，将绿色建造纳入绿色发展和生态文明建设体系，以问题和需求为导向，建立具有区域代表性的绿色建造技术体系、管理机制和政策体系。其次要强化绿色低碳建筑技术支撑，积极推进系统化集成设计、精益化生产施

① 伍爱群：《中央确定的这项目标任务面临艰巨挑战，上海应该从这些方面重点推进》，《上观新闻》2022 年 1 月 16 日。

工、一体化装修的方式，加强新技术推广应用，提升建造方式工业化水平；有效采用物联网、大数据、云计算、区块链、人工智能、机器人等相关技术，提升建造手段信息化水平；加强专业分工和社会协作，构建绿色建造产业链，提升建造过程产业化水平。最后要强化绿色建筑试点示范引领，打造绿色建造应用场景，形成系统解决方案，及时总结阶段性经验，经过试点工作的验证和完善，着力解决建造活动资源消耗大、污染排放高、品质与效率低等问题。

能源生产消费低碳化是实现“双碳”的最主要措施，要积极推进风电、水电、太阳能等低碳能源的生产与使用，积极推广先进用能技术和智能控制技术，实现高质量生产与高水平保护的良性互动。

2022 年 8 月 1 日，上海市发展和改革委员会根据市碳达峰碳中和工作领导小组的部署，印发了《上海市能源电力领域碳达峰实施方案》，目的就是在保障能源安全供应基础上，推动能源结构转型，加快用能方式转变，构建清洁低碳、安全高效的能源体系，为实现碳达峰碳中和目标、建设现代经济体系提供坚强保障。从具体目标看，要求到 2025 年，能源结构进一步改善，重点行业能源利用效率达到国际国内先进水平，加快构建与超大型城市相适应的清洁低碳安全高效的现代能源体系和新型电力系统。非化石能源占能源消费比重力争达到 20%，可再生能源和本地可再生能源占全社会用电量比重力争分别达到 36%左右和 8%。全社会用电量碳排放强度下降至 4 吨/万千瓦时左右；到 2030 年，能源结构更加低碳，重点行业能源利用效率达到国际先进水平，清洁低碳安全高效的现代能源体系和新型电力系统初步建立。非化石能源占能源消费比重力争达到 25%，可再生能源和本地可再生能源占全社会用电量比重力争分别达到 40%左右和

12%。全社会用电量碳排放强度下降至3.8吨/万千瓦时左右。为此提出了大力发展可再生能源、优化化石能源开发利用、推进新型电力系统建设、强化科技创新支撑、打造低碳创新示范、保障能源供应安全六大任务，并且提出了具体的保障措施。

（三）深化交通运输领域的低碳转型

交通行业是推动基础设施领域低碳转型的重要抓手，亟须建设现代流通体系，推动绿色低碳流通。一是组织开展低碳交通城市、低碳港口试点，加快优化交通运输网络结构，提高客运货运组织化、规范化程度，加快推进公交优先战略，引导公众绿色低碳出行。二是加快推进绿色低碳交通运输法规标准建设，建立健全绿色低碳交通运输统计监测考核体系，将绿色低碳交通运输切实纳入行业发展整体规划，强化规划执行刚性。三是大力推进绿色低碳交通基础设施建设，加强能源、土地、交通通道和岸线资源的节约，强化交通基础设施建设的生态环境保护，实现交通运输集约、绿色、可持续发展。四是积极推进节能减排科技成果推广应用，启动节能低碳科技成果推广项目，开展节能科技工程项目试点示范，全面提升交通运输绿色低碳水平。

（四）广泛践行绿色低碳简约生活

自2013年始，国家将每年节能宣传周的第三天定为“全国低碳日”，每年设定一个宣传主题，开展全国性的低碳宣传活动。上海在这方面的工作启动得更早。近年来，主要围绕三大目标：一是推进全社会形成崇尚低碳、践行低碳的社会风尚。通过“市民低碳行动”的开展，结合“地球一小时”“全国低碳日”等重大节点活动，倡导绿色低碳的生活方式和消费模式，发动更多的市民公众响应践行“低碳生活”，在全社会逐步形成了解低碳、崇尚低碳和践行低碳的风尚，使低碳理念深入人心。二是发现和培育一批低碳践行典型和示范。通过“衣、食、住、行、用”低碳专项实践活动的开展，在全市范围内树立一批具有低碳消费特征的践行单位和个人，以及可供参观、展示、宣传、教育的低碳宣传活动、商业设施和消费场所，营造本市低碳生活和消费的环境。三是探索建立市民践行低碳生活的长效机制。结合低碳实践活动开展经验，探索建立激励市民和单位自觉践行低碳的长效机制，逐步使低碳生活和消费模式成为市民的日常生活方式。

当然，与“双碳”目标的要求相比，还有很多工作要做：一是需要积极推广绿色产品消费。从政府层面看，要积极推行绿色产品政府采购制度。结合实施产品品目清单管理，加大绿色产品相关标准在政府采购中的应用。从企业层面看，国有企业要率先执行企业绿色采购指南，鼓励其他企业自主开展绿色采购。从个人层面看，要积极发挥绿色消费引领作用，大力推广节能环保低碳产品，坚决制止餐饮浪费行为，积极践行光盘行动。

二是推进绿色生活创建。就是要贯彻落实《绿色生活创建行动总体方案》，分类推进节约型机关、绿色家庭、绿色学校、绿色社区、绿色出行、绿色商场、绿色建筑、绿色餐厅等重点领域创建活动，健全绿色生活创建的相关制度政策，推行《公民生态环境行为规范（试行）》。鼓励建立节能超市等绿色流通主体，完善销售网络，畅通绿色产品流通渠道。

三是营造宁静生活环境。宁静生活环境是绿色生活的基本前提，也是健康生活的基础。需要修订完善上海市噪声环境功能区划，结合噪声法修订完善噪声污染防治管理制度，加强噪声达标区管理，提升管理与监控技术。以高速公路、快速路、轨道交通为重点，强化交通噪声污染防治，持续加强工业噪声污染源头控制。继续加大建筑施工噪声管理与执法力度，强化社会生活噪声管控，倡导公民通过规约等方式参与噪声环境管理。

总之，需要政府、企业、公民个人齐抓共管、共同参与，在生态城市建设中形成“人人有序参与和治理”的局面。

案例：高水平建设长三角生态绿色一体化发展示范区

长三角生态绿色一体化发展示范区2019年11月由国务院批复，包括上海市青浦区、江苏省苏州市吴江区、浙江省嘉兴市嘉善县，面积约2300平方公里。以“一张蓝图”管全域之势，先行先试，实现了一系列的制度创新。一方面，示范区要打造生态价值新高地，充分体现生态文明建设要求，建立严格的生态保护体系，加快推进“+生态”和“生态+”，将自然生态优势转化为经济社会发展优势。另一方面，要打造创新经济新高地，发展新一代信息技术、生命健康、高端服务、文旅休闲、绿色生态农业等主导产业，形成具有高显示度和强竞争力的产业集群。

长三角一体化示范区执委会联合两省一市发展改革、生态环境部门和相关单位，编制出台了《长三角生态绿色一体化发展示范区碳达峰实施方案》。方案指出，力争到2025年示范区能耗强度较2020年下降15%左右，碳排放强度较2020年下降20%以上；到2030年前，整体率先实现高质量达峰并稳步下降，为实现碳中和目标奠定坚实基础。

《方案》提出6方面25项具体举措，聚焦产业、能源、建筑、交通和生态等重点领域和行业落实碳减排措施，开展绿色低碳产业一体化行动、清洁低碳能源一体化行动、绿色宜居低碳建筑行动等，培育发展一批一体化绿色低碳创新的示范标杆和样板。

《方案》提出四项保障措施：

加强组织协调：两省一市共同支持示范区碳达峰实施方案落地，示范区执委会发挥统筹协调作用，两区一县政府制定配套政策措施，健全责任体系。

强化实施管理：推动建立双碳工作年度跟踪评估机制，对示范区内碳达峰工作实行协同管理、协同分解、协同评估，坚决遏制“两高”项目盲目发展。

落实资源保障：积极落实绿色低碳重点项目库财政、金融等支持政策，共同加大对示范区内碳达峰碳中和重点片区和重大项目的支持力度。

推动全民参与：支持和鼓励在示范区先行或试点开展各类新型低碳宣传科普活动，开展绿色低碳社会系列示范创建，加快构建多元共治、全民参与的双碳行动格局。

三、提高战略思维能力，把系统观念贯穿“双碳”工作全过程

对于我们国家来说，实现碳达峰碳中和是一场硬仗，也是对我们

党治国理政能力的一场大考。必须坚持全国统筹、节约优先、双轮驱动、内外畅通、防范风险的原则，更好地发挥我国制度优势、资源条件、技术潜力、市场活力，加快形成节约资源和保护环境的产业结构、生产方式、生活方式、空间格局。要加强统筹协调，推动能源革命，推进产业优化升级，加快绿色低碳科技革命，完善绿色低碳政策体系，积极参与和引领全球气候治理，加强党对“双碳”工作的领导，推动形成工作合力，确保碳达峰碳中和工作取得积极成效。

为此，我们必须提高战略思维能力，将系统观念贯穿“双碳”工作的全过程。具体来说，要处理好以下几对关系：

（一）发展和减排的关系

减排不是减生产力，也不是不排放，而是要走生态优先、绿色低碳发展道路，在经济发展中促进绿色转型、在绿色转型中实现更大发展。要坚持统筹谋划，在降碳的同时确保能源安全、产业链供应链安全、粮食安全，确保群众正常生活。

2021年底，国务院发布《“十四五”节能减排综合工作方案》，强调要完善实施能源消费强度和总量双控（以下简称能耗双控）、主要污染物排放总量控制制度，组织实施节能减排重点工程，进一步健全节能减排政策机制，推动能源利用效率大幅提高、主要污染物排放总量持续减少，实现节能降碳减污协同增效、生态环境质量持续改善，确保完成“十四五”节能减排目标，为实现碳达峰碳中和目标奠定坚实基础。

从上海的情况看，如前所述，能源消费总量在缓慢上升，能源利用效率在逐年提升；清洁能源的比重逐年提高，但本地可再生能源比重非常低；在减排方面还存在一些问题，主要是结构性污染矛盾依然较为突出。碳排放总量大，强度高，低碳转型任重道远。能源消费总量持续走高，进一步压减煤炭消耗总量的难度加大，传统产业占比依然较大，主要污染物排放总量维持高位。机动车、船舶等交通需求刚性增长，全市移动源污染物排放贡献占比持续走高。集成电路、生物医药等重点产业发展中可能面临的环境挑战需尽早谋划应对。也就是说，在个别产业，能源消费方面煤炭消费比例还是偏高，交通、移动污染源以及个别新兴产业带来的碳排放问题依然突出。这其中，有些传统产业可以通过产业结构调整、转型来解决，有些可能需要通过协同增效才能实现。如低碳与污染物防治的协同发展问题。

这里就涉及加强源头防控协同增效的问题，需要强化生态环境分区管控。将全市控制温室气体排放工作要求纳入“三线一单”，在产业准入、产业结构调整、总量控制等管控领域增加温室气体排放控制相关要求，建立重点管控单元碳排放统计核算制度，摸清碳排放底数和特征，发掘协同控制潜力，识别协同控制重点领域、重点区域和典型行业主体等，既保证上海经济社会的高质量发展，又要充分考虑低碳城市建设的需要，正确处理好发展与减排的关系。

（二）整体和局部的关系

既要增强全国一盘棋意识，加强政策措施的衔接协调，确保形成合力；又要充分考虑区域资源分布和产业分工的客观现实，研究确定各地产业结构调整方向和“双碳”行动方案，不搞齐步走、“一刀切”。

就上海而言，应该涉及三方面的关系。

一是要考虑上海整体发展与各区县之间的关系。一方面，上海的整体发展依赖各个区县的发展，所以需要充分考虑各个区县的特点，使其在上海的整体发展中发挥应有的作用。另一方面，各个区县在发展过程中也要有“全市一盘棋”的理念，尤其在碳排放方面，不能借口发展而影响上海市的“双碳”目标。

二是要考虑上海在长三角一体化中发挥的作用。长三角地区，无论在经济发展还是生态环境保护方面都走在全国前列。自 2019 年 11 月国务院批准长三角一体化试点以来，已经取得了一系列的成果。从发展的角度看，长三角区域一体化需要在完善区域协作机制的同时，助力低碳发展，加强区域间优势资源互补协作和优化配置，实现区域内能源产业布局一体化。在这些方面，上海起着十分重要的作用，也做出了很大的贡献。但从下表也可以看到，上海在六项污染物浓度中，个别几项还是处于劣势。目前如果能够突破长三角行政区域限制，一些主要的能源品种如天然气管网布局可以实现更优化的资源配置，推动绿色和低碳发展。

2020 年长三角地区六项污染物浓度及年际比较

地区	指标	浓度单位	浓度	与 2019 年相比（%）
长三角地区	$PM_{2.5}$	微克/立方米	35	−14.6
	PM_{10}	微克/立方米	56	−13.8
	O_3	微克/立方米	152	−7.3
	SO_2	微克/立方米	7	−22.2
	NO_2	微克/立方米	29	−9.4
	CO	微克/立方米	1.1	−8.3

续表

地区	指标	浓度单位	浓度	与2019年相比（%）
上海	$PM_{2.5}$	微克/立方米	32	-8.6
	PM_{10}	微克/立方米	41	-8.9
	O_3	微克/立方米	152	0.7
	SO_2	微克/立方米	6	-14.3
	NO_2	微克/立方米	37	-11.9
	CO	微克/立方米	1.1	0.0

资料来源：中华人民共和国生态环境部：《2020中国生态环境公报》。

三是要考虑上海在全国“双碳”目标实现中的作用。从国家战略的角度，上海低碳发展定位主要凸显服务国家“一带一路”和绿色发展的全球城市，借助绿色投融资打造上海金融中心的新起点，并且支撑上海科创中心的建立。一方面通过绿色金融助推国家的“双碳”目标实现，另一方面在上海市本身的低碳发展中为其他地区作出表率，提出一些可复制的经验。

（三）长远目标和短期目标的关系

既要立足当下，一步一个脚印解决具体问题，积小胜为大胜；又要放眼长远，克服急功近利、急于求成的思想，把握好降碳的节奏和力度，实事求是、循序渐进、持续发力。

从上海目前的情况看，虽然“十三五”期间在节能减排，尤其是碳排放方面取得了比较好的效果，但存在的问题也是显而易见的，并且有些问题不是一朝一夕就能解决的，如生态环境质量与城市目标定位相比还有较大差距。大气主要污染物因子处于临界超标水平，空气质量改善不够稳固，以 $PM_{2.5}$ 和臭氧为代表的复合型区域性污染特征明显；部分河道在雨季还存在局部性间歇性水质反复，河湖水生态系统十分脆弱。消黑除劣后，水体富营养化问题逐渐成为本市水体面临的新风险。超大城市生态资源不足的现状条件下，城市和自然生态系统的服务功能继续提升；还有基础环境、基础设施监管能力和水平仍是主要短板。污水收集处理能力与城市发展不匹配，现有排水系统截流、调蓄和输送能力偏低，排水管网老化，地下水渗漏现象较为普遍；部分农村生活污水尚未处理，通沟污泥、河道疏浚底泥等处置能力水平有待提升；生活垃圾、危险废弃物、医疗废弃物、一般工业固废等仍将持续增长，部分危险废弃物和一般工业固废依赖跨省协同处理，资源综合利用产业的统一规划与布局尚未形成，现有固废设施存在布局性结构性短板。

为此，需要我们进一步夯实生态环境保护责任体系，尽快形成政府主导、企业主体、社会组织和公众共同参与的多元治理体系，尽快实现环境治理体系与治理能力的现代化，这个任务虽然紧迫，但也需要一个比较长的过程，需要我们在连续性与阶段性的统一中稳步实现。

（四）政府和市场的关系

要坚持两手发力，推动有为政府和有效市场更好结合，建立健全“双碳”工作激励约束机制。

如前所述，政府主导、企业主体、社会组织和公众共同参与的多元治理体系是“双碳”目标实现的关键。然而，即使大家对此都有共识，但到目前为止，各个主体作用的发挥还没有形成真正的合力。

从上海市的情况看，市委市政府一直致力于低碳城市建设，将“双碳”目标作为加快生态文明建设和实现高质量发展的重要抓手，将“双碳”目标作为“人民城市”建设的重要内容，通过制定相关法律，实施相关的政策等手段，在城市生态文明建设方面取得了很大成就，也使“人民城市”的理念深入人心。

中共上海市委常委会于2022年1月28日举行会议，传达学习了习近平总书记在中共中央政治局就努力实现碳达峰碳中和目标第三十六次集体学习时的重要讲话精神。会议强调，要深刻领会习近平总书记关于碳达峰碳中和重要指示要求，结合上海实际，推动经济社会发展全面绿色转型，加快形成节约资源和保护环境的产业结构、生产方式、生活方式、空间布局，增创绿色低碳发展新优势，蹄疾步稳实现碳达峰碳中和目标。

当然，如何发挥好市场的作用，也是需要我们深入思考的问题。

银行是较早进入“碳减排”领域的。随着“双碳”目标下全球经济、产业和投资结构的深刻改变，现有金融体系也要顺应发展趋势进行绿色转型，为适应和减缓气候变化做出相应调整。绿色金融如何支持高质量发展也成了一个热门话题。目前主要是撬动更多资金进入碳减排领域。从2021年的情况看，作为“十四五”开局之年，绿色金融创新不断向纵深推进。政策方面，随着标准体系与激励约束政策的加快推出，我国绿色金融制度体系更加完善。通过鼓励产品创新、完善发行制度、规范交易流程、提升透明度，我国已形成包括绿色贷款、绿色债券、绿色保险、绿色基金、绿色信托、碳金融产品等在内的多层次绿色金融产品和市场体系，为绿色项目提供了多元化的融资渠道，使服务绿色低碳发展的效率不断提升。从数据来看，绿色信贷仍是当前最重要的绿色金融工具。截至2021年三季度末，我国绿色信贷余额达到14.78万亿元，同比增长27.9%，其中近七成投向碳减排项目。①

随着绿色金融市场的进一步发展，更多元的绿色金融产品正在出现。其中，绿色债券表现抢眼。从2021年5月开始，人民银行扩大了对金融机构绿色金融评价的范围，将绿色债券业务纳入评价。在政策的指引下，投资者对绿色债券的配置偏好增加。相关数据显示，截至2021年三季度末，我国绿色债券余额超过1万亿元，居世界前列。此外，创新推出碳中和债、可持续发展挂钩债等金融产品，有效提高了金融服务碳减排的针对性。

全国碳市场发挥了应有的作用。据中央广播电视总台中国之声《新闻纵横》报道，2021年，全国碳排放权交易市场（以下简称“全国碳市场”）首个履约周期在各方关注下顺利结束。数据显示，首个履约周期纳入发电行业重点排放单位2162家，在全年114个交易日内，累计成交碳排放配额1.79亿吨。随着全国碳市场基本框架初步建立，价格发现机制作用初步显现，企业减排意识和能力水平得到有效提高。②

从上海的情况看，近年来，随着上海绿色经济的大力发展以及国际金融中心建设取得重大进展，上海也更加重视绿色金融的发展与完

---

① 马梅若：《“双碳”目标下金融业如何实现绿色升级》，《金融时报》2022年2月8日。

② 《加速推动“双碳”目标实现　全国碳市场有望进一步扩容升级》，新浪财经，2022年2月8日。

善。2021年8月24日，发布《上海国际金融中心建设“十四五”规划》，明确提出以力争实现“双碳”目标为引领，“大力发展绿色金融”。10月19日，发布首份绿色金融专门文件——《上海加快打造国际绿色金融枢纽，服务碳达峰碳中和的实施意见》。

虽然上海在绿色金融方面取得了不俗的成绩，但还有很大的努力空间，包括创新碳金融产品，建立全球碳金融中心；强化ESG监管，建立国际绿色金融枢纽；完善政策协同，推动长三角绿色金融一体化；加深绿色金融技术，推进绿色金融数字化等。①

① 李海棠等：《碳达峰、碳中和视角下上海绿色金融发展存在的问题及对策建议》，《上海经济》2021年第6期。

结　语

习近平总书记在党的二十大报告中指出："坚持人民城市人民建、人民城市为人民，提高城市规划、建设、治理水平，加快转变超大特大城市发展方式，实施城市更新行动，加强城市基础设施建设，打造宜居、韧性、智慧城市"。[①]"人民城市"理念指导下的上海城市建设，正在打造"人人都有人生出彩机会的城市、人人都能有序参与治理的城市、人人都能享有品质生活的城市、人人都能切实感受温度的城市、人人都能拥有归属认同的城市"。其中所蕴含的人与自然协调发展思想，也为城市的绿色高质量发展提供了指导方针和基本理念，也成了城市生态文明建设的根本遵循。

如前所述，"十四五"期间，上海的绿色高质量发展和城市生态文明建设面对新的形势，需要积极应对气候变化、长江大保护、长三角生态绿色一体化发展示范区建设等国家战略要求，加快形成以国内大循环为主体、国内国际双循环相互促进的新发展格局。这些都需要上海在率先转变生产和生活方式、推进绿色低碳转型、创新污染治理

---

① 习近平：《高举中国特色社会主义伟大旗帜　为全面建设社会主义现代化国家而团结奋斗——在中国共产党第二十次全国代表大会上的报告》，人民出版社 2022 年版，第 32 页。

技术、提升环境治理能力和水平等各方面继续走在全国前列。

目前，上海也正在深入贯彻习近平生态文明思想和习近平总书记考察上海重要讲话精神，立足新发展阶段，完整、准确、全面贯彻新发展理念，服务构建新发展格局，落实减污降碳总要求，把实现减污降碳、协同增效作为促进经济社会发展全面绿色转型的总抓手，加快推动产业结构、能源结构、交通运输结构、用地结构调整，推动形成节约资源和环境保护的空间格局、产业结构、生产方式、生活方式，统筹污染治理、生态保护，应对气候变化，促进生态环境持续改善，努力建设人与自然和谐共生的现代化。

参考文献

一、著作

《马克思恩格斯文集》第1—10卷，人民出版社2009年版。

《毛泽东选集》第4卷，人民出版社1991年版。

习近平：《论坚持人与自然和谐共生》，中央文献出版社2022年版。

《习近平关于社会主义生态文明建设论述摘编》，中央文献出版社2017年版。

中央党校采访实录编辑室：《习近平在上海》，中共中央党校出版社2022年版。

中共中央文献研究室：《十八大以来重要文献选编》（下），人民出版社2018年版。

习近平：《决胜全面建成小康社会　夺取新时代中国特色社会主义伟大胜利——在中国共产党第十九次全国代表大会上的报告》，人民出版社2017年版。

习近平：《高举中国特色社会主义伟大旗帜　为全面建设社会主义现代化国家而团结奋斗——在中国共产党第二十次全国代表大会上

的报告》，人民出版社 2022 年版。

林尚立：《当代中国政治基础与发展》，中国大百科全书出版社 2017 年版。

俞可平：《治理与善治》，社会科学文献出版社 2000 年版。

孙荣、徐红、部珊珊：《城市治理：中国的理解与实践》，复旦大学出版社 2007 年版。

上海交通大学中国城市治理研究院、上海市人民政府发展研究中心：《新时代城市治理之路："人民城市"上海实践》，上海人民出版社 2021 年版。

刘举科：《中国生态城市建设发展报告（2015）》，社会科学文献出版社 2014 年版。

郇庆治：《绿色变革视角下的当代生态文化理论研究》，北京大学出版社 2019 年版。

赵建军：《绿色发展的动力机制研究》，北京科学技术出版社 2014 年版。

诸大建：《可持续发展与治理研究》，同济大学出版社 2015 年版。

赵峥：《亚太城市绿色发展报告》，中国社会科学出版社 2016 年版。

方世南：《马克思恩格斯的生态文明思想》，人民出版社 2017 年版。

解振华、潘家华：《中国的绿色发展之路》，外文出版社 2018 年版。

［美］詹姆斯·N. 罗森奥：《没有政府的治理》，张胜军译，江

西人民出版社 2001 年版。

［美］马修·德斯蒙德：《扫地出门：美国城市的贫穷与暴利》，广西师范大学出版社 2018 年版。

［英］顾汝德：《失治之城：挣扎求存的香港》，香港天窗出版社 2019 年版。

［美］戴维·哈维：《叛逆的城市——从城市权力到城市革命》，叶齐茂、倪晓晖译，商务印书馆 2014 年版。

［美］迈克尔·布隆伯格：《城市的品格》，周鼎烨、卢芳译，中信出版社 2017 年版。

Robert M. Kitchin. Towards Geographies of Cyberspace. Progress in Human Geography，1998.

Poschen，Peter. Decent work，green jobs and the sustainable economy：solutions for climate change and sustainable development. Greenleaf Publishing Limited，in association with International Labour Office，2015.

Yoshida，Fumikazu，Mori，Akihisa. Green growth and low carbon development in East Asia. Routledge，2015.

二、论文

刘士林：《人民城市：理论渊源和当代发展》，《南京社会科学》2020 年第 8 期。

孙施文：《关于城市治理的解读》，《国外城市规划》2002 年第 1 期。

踪家峰、王志锋、郭鸿懋：《论城市治理模式》，《上海社会科学院学术季刊》2002年第2期。

王佃利、任宇波：《城市治理模式：类型与变迁分析》，《中共浙江省委党校学报》2009年第5期。

王祥荣：《论生态城市建设的理论、途径与措施——以上海为例》，《复旦学报（自然科学版）》2001年第4期。

蒋艳灵等：《中国生态城市理论研究现状与实践问题思考》，《地理研究》2015年第12期。

韩若楠等：《改革开放以来城市绿色高质量发展之路——新时代公园城市理念的历史逻辑与发展路径》，《城市发展研究》2021年第5期。

杜海龙等：《绿色生态城市理论探索与系统模型构建》，《城市发展研究》2020年第10期。

李慧明等：《产业生态化及其实施路径选择——我国生态文明建设的重要内容》，《南开学报（哲学社会科学版）》2009年第3期。

李力：《不同工业化阶段区域产业生态文明路径选择》，《生态经济》2014年第4期。

唐琦等：《基于新型城乡关系的崇明生态岛发展模式研究》，《经济地理》2012年第6期。

彭文英、戴劲：《生态文明建设中的城乡生态关系探析》，《生态经济》2015年第8期。

温铁军：《生态文明与比较视野下的乡村振兴战略》，《上海大学学报（社会科学版）》2018年第1期。

丁生忠：《内外资源聚合转换驱动乡村振兴战略的理论与实践》，《理论学刊》2019年第9期。

何立春：《产城融合发展的战略框架及优化路径选择》，《社会科学辑刊》2015 年第 6 期。

杨雪峰、孙震：《共享发展理念下的产城融合作用机理研究》，《学习与实践》2016 年第 3 期。

付伟等：《生态文明视角下绿色消费的路径依赖及路径选择》，《生态经济》2018 年第 7 期。

国合会“绿色转型与可持续社会治理专题政策研究”课题组：《“十四五”推动绿色消费和生活方式的政策研究》，《中国环境管理》2020 年第 5 期。

诸大建：《绿色消费：基于物质流和消费效率的研究》，《中国科学院院刊》2017 年第 6 期。

王晓红等：《消费者缘何言行不一：绿色消费态度——行为缺口研究述评与展望》，《理论经济研究》2018 年第 5 期。

上海生态城市建设研究课题组：《上海生态城市建设的探索》，《上海综合经济》1997 年第 4 期。

刘佳：《城市绿色发展的国际经验及上海对标分析》，《科学发展》2019 年第 9 期。

胡静：《上海城市绿色发展国际对标研究》，《科学发展》2019 年第 6 期。

俞振宁：《上海“生态之城”建设目标与内涵研究》，《科学发展》2021 年第 6 期。

吴新叶、付凯丰：《“人民城市人民建、人民城市为人民”的时代意涵》，《党政论坛》2020 年第 10 期。

李海棠等：《碳达峰、碳中和视角下上海绿色金融发展存在的问题及对策建议》，《上海经济》2021 年第 6 期。

宋道雷：《人民城市理念及其治理策略》，《南京社会科学》2021 年第 6 期。

彭勃：《人民城市建设要把握住三个“最”》，《国家治理》2020 年第 34 期。

侯桂芳：《“人民至上”理念引领下的上海城市治理新实践》，《上海党史与党建》2020 年第 7 期。

何雪松、侯秋宇：《人民城市的价值关怀与治理的限度》，《南京社会科学》2021 年第 1 期。

王德福：《中国式小区：城市社区治理的空间基础》，《上海城市管理》2021 年第 1 期。

王芳、曹方源：《迈向社区环境治理体系现代化：理念、实践与转型路径》，《学习与实践》2021 年第 8 期。

杨建顺：《城市治理应当坚持共建共治共享》，《城市管理与科技》2019 年第 6 期。

马立、曹锦清：《社会组织参与社会治理：自治困境与优化路径——来自上海的城市社区治理经验》，《哈尔滨工业大学学报（社会科学版）》2017 年第 2 期。

陈水生、屈梦蝶：《公民参与城市公共空间治理的价值及其实现路径——来自日本的经验与启示》，《中国行政管理》2020 年第 1 期。

高聪颖：《城市社区公共空间治理的困境与消解》，《中共宁波市委党校学报》2021 年第 4 期。

冯猛：《城市社区治理的困境及其解决之道——北京东城区 6 号院的启示》，《甘肃行政学院学报》2013 年第 5 期。

王芳、李宁：《新型农村社区环境治理：现实困境与消解策略——基于社会资本理论的分析》，《湖湘论坛》2018 年第 4 期。

张紧跟、庄文嘉：《从行政性治理到多元共治：当代中国环境治理的转型思考》，《中共宁波市委党校学报》2008 年第 6 期。

邓玲：《从“居民自发”到“互动合作”——城市社区的环境治理实践及其社会效应》，《领导科学论坛》2018 年第 21 期。

栗明：《社区环境治理多元主体的利益共容与权力架构》，《理论与改革》2017 年第 3 期。

彭小兵、郭梦迪：《何以弥补城市社区公共环境治理责任真空？——基于重庆市 LX 社区公共环境治理的考察》，《天津行政学院学报》2020 年第 4 期。

顾锋娟、胡楠：《基于外部性理论探索城市社区治理改革创新思路——以环境治理为例》，《中共宁波市委党校学报》2016 年第 4 期。

张劼颖、李雪石：《环境治理中的知识生产与呈现——对垃圾焚烧技术争议的论域分析》，《社会学研究》2019 年第 4 期。

陈阿江：《环境问题的技术呈现、社会建构与治理转向》，《社会学评论》2016 年第 3 期。

江晓华：《环境发展的社区治理制度研究》，《安徽农业大学学报（社会科学版）》2010 年第 2 期。

郑杭生：《破解在陌生人世界中建设和谐社区的难题——从社会学视角看社区建设的一些基本问题》，《学习与实践》2008 年第 7 期。

何绍辉：《论陌生人社会的治理：中国经验的表达》，《求索》2012 年第 12 期。

石楠：《以人为本》，《城市规划》2005 年第 8 期。

梁鹤年：《城市人》，《城市规划》2012年第7期。

诸大建、孙辉：《用人民城市理念引领上海社区更新微基建》，《党政论坛》2021年第2期。

徐毅松、DONG Wanting：《空间赋能，艺术兴城——以空间艺术季推动人民城市建设的上海城市更新实践》，《建筑实践》2020年第S1期。

谢坚钢、李琪：《以人民城市重要理念为指导推进新时代城市建设和治理现代化——学习贯彻习近平总书记考察上海杨浦滨江讲话精神党政论坛》2020年第7期。

诸大建：《微基建与城市可持续发展》，《可持续发展经济导刊》2020年第8期。

刘淑妍、吕俊延：《城市治理新动能：以“微基建”促进社区共同体的成长》，《社会科学》2021年第3期。

陈良斌：《城市化不平衡发展的双重逻辑——基于新马克思主义空间理论视角》，《山东社会科学》2018年第11期。

金云峰等：《“人民城市”理念的大都市社区生活圈公共绿地多维度精明规划》，《风景园林》2021年第4期。

方世南：《绿色发展：迈向人与自然和谐共生的绿色经济社会》，《苏州大学学报（哲学社会科学版）》2021年第1期。

张云飞：《建设人与自然和谐共生现代化的创新抉择》，《思想理论教育导刊》2021年第5期。

夏光：《建立系统完整的生态文明制度体系——关于中国共产党十八届三中全会加强生态文明建设的思考》，《环境与可持续发展》2014年第2期。

罗锦程、张藜藜：《凝心聚力打赢污染防治攻坚战　谱写上海绿色发展新篇章》，《环境保护》2019 年第 6 期。

苏红键、魏后凯：《改革开放 40 年中国城镇化历程、启示与展望》，《改革》2018 年第 11 期。

陈松川：《中国共产党城市管理思想探析》，《中国特色社会主义研究》2016 年第 6 期。

赵斌等：《城市“语迹”——关于城市特色空间塑造的研究》，《城市发展研究》2018 年第 8 期。

徐学林、刘莉：《空间正义之维的新时代城市治理》，《重庆社会科学》2021 年第 2 期。

张勇、何艳玲：《论城市社区治理的空间面向》，《新视野》2017 年第 4 期。

章思予、居敏峰：《从“生活在别处”到“诗意栖居”：城市空间与幸福感的关系探析》，《法制与社会》2012 年第 1 期。

熊易寒：《社区共同体何以可能：人格化社会交往的消失与重建》，《南京社会科学》2019 年第 8 期。

王寓凡、杨朝清：《空间视域下高校学生社区情感共同体建设》，《中国青年研究》2019 年第 2 期。

陈进华：《中国城市风险化：空间与治理》，《中国社会科学》2017 年第 8 期。

杨建科等：《公共空间视角下的城市社区公共性建构》，《城市发展研究》2020 年第 9 期。

李友梅：《关于城市基层社会治理的新探索》，《清华社会学评论》2017 年第 1 期。

王德福、张雪霖：《社区动员中的精英替代及其弊端分析》，《城市问题》2017年第1期。

程志超、王斯宁：《基于角色认同的虚拟社区用户活跃行为综述》，《北京航空航天大学学报（社会科学版）》2017年第2期。

张宇：《论角色认同的重新定位》，《求索》2008年第3期。

钱媛媛：《米德符号互动理论视角下的社区公共空间营造策略》，《建筑与文化》2020年第9期。

袁方成：《增能居民：社区参与的主体性逻辑与行动路径》，《行政论坛》2019年第1期。

戴伟、陆文萍：《情感、空间与社区治理："占地种菜"现象的实践与思考》，《山东农业大学学报（社会科学版）》2020年第4期。

郭根、李莹：《城市社区治理的情感出场：逻辑理路与实践指向》，《华东理工大学学报（社会科学版）》2021年第2期。

Simon M, Stephen G, "Cities, regions and privatis edutilities", Progress in Planning, 1999 (2).

程鹏：《践行"两山"理念，擦亮人民城市"成色"》，《中国环境报》2020年8月11日。

权衡：《浦东开发开放：国家战略的先行先试与示范意义》，《光明日报》2020年4月24日。

刘满平：《"双碳"目标带来的机遇与挑战》，《经济日报》2021年5月27日。

马梅若：《"双碳"目标下金融业如何实现绿色升级》，《金融时报》2022年2月8日。

李睿宸：《打造新时代文明实践"上海模式"》，《光明日报》

2021 年 10 月 13 日。

《深入学习贯彻党的十九届四中全会精神　提高社会主义现代化国际大都市治理能力和水平》,《人民日报》2019 年 11 月 4 日。

《保持生态文明建设战略定力　努力建设人与自然和谐共生的现代化》,《光明日报》2021 年 5 月 2 日。

《变消费性城市为生产性城市》,《人民日报》1949 年 3 月 17 日。

后　　记

生态文明建设的内容与"人民城市"理念的契合，使本书的研究有了非常重要的现实意义。在写作的过程中，我们能感受到上海作为特大型城市，以"人民城市"理念为指导，合理安排生活、生产和生态空间，努力扩大公共空间，让老百姓有休闲、健身、娱乐的地方，让城市成为老百姓宜业宜居的乐园；日益打造出"人人都有人生出彩的机会、人人都能有序参与治理、人人都能享有品质生活、人人都能切实感受温度以及人人都能拥有归属认同"的城市。其中，生态环境的变化对人们的生活产生的影响越来越大。一方面，良好的生态环境在满足人民美好生活需要方面发挥着越来越重要的作用，我们看到天更蓝、水更清；另一方面，人们在享受美好环境的同时，也积极参与环境治理，尤其在践行绿色生活方式方面，无论是观念还是行为，都有了较大的变化。这种双向的变化我们在文中都有写到，并且这种变化还在不断进行中。

在书稿的写作过程中，得到了很多人的帮助和支持。特别感谢程明月、赵晓红、王余、彭纪春、杨君等几位老师的辛勤付出，也感谢王赛、邓斯雨、刘海滨、文池等博士生的认真参与，我们一起经历了书稿写作的整个过程，收获满满！希望大家在各自的领域继续深入研究，取得更大的成绩！

杜仕菊

2022年8月

责任编辑：毕于慧
封面设计：王欢欢
版式设计：汪　莹

图书在版编目(CIP)数据

人民城市理念与新时代生态文明建设研究/杜仕菊等 著．—北京：
　人民出版社，2022.12
(“人民城市”重要理念研究丛书)
ISBN 978-7-01-025245-2

Ⅰ．①人…　Ⅱ．①杜…　Ⅲ．①城市-生态文明-文明建设-研究-
　上海　Ⅳ．①X321.251

中国版本图书馆 CIP 数据核字(2022)第 205220 号

人民城市理念与新时代生态文明建设研究
RENMIN CHENGSHI LINIAN YU XINSHIDAI SHENGTAI WENMING JIANSHE YANJIU

杜仕菊 等 著

人民出版社 出版发行
(100706　北京市东城区隆福寺街 99 号)

北京九州迅驰传媒文化有限公司印刷　新华书店经销

2022 年 12 月第 1 版　2022 年 12 月北京第 1 次印刷
开本：710 毫米×1000 毫米 1/16　印张：12.25
字数：141 千字

ISBN 978-7-01-025245-2　定价：50.00 元

邮购地址 100706　北京市东城区隆福寺街 99 号
人民东方图书销售中心　电话 (010)65250042　65289539